INTEGRALTAFELN

Für Ingenieure und verwandte Berufe

sowie für Studierende Technischer Hoch-

und Fachschulen

aufgestellt von

Carl Naske, VDI
Zivilingenieur, Berlin

Springer-Verlag Berlin Heidelberg GmbH 1935

© Springer-Verlag Berlin Heidelberg 1935
Ursprünglich erschienen bei Otto Spamer Verlag in Leipzig 1935

Alle Rechte vorbehalten

ISBN 978-3-662-33550-5   ISBN 978-3-662-33948-0 (eBook)
DOI 10.1007/978-3-662-33948-0

Vorwort.

Es ist bekanntlich meist leichter, Beziehungen zwischen den bei einem zu untersuchenden Vorgang wirksamen Kräften oder Größen in Form einer Differentialgleichung auszudrücken, als die letztere zu lösen, da ihr Integral häufig nicht bekannt ist und erst gesucht werden muß. Das fällt in der Regel nicht so ganz leicht und erfordert auch schon in den einfacheren Fällen sehr umständliche Rechnungen. Zusammenstellungen von Integralen sind daher zweifellos von praktischem Nutzen, der umso größer sein wird, je reicher das Material ist, über das man verfügt, da ja die Wahrscheinlichkeit, der Differentialgleichung die Gestalt eines bekannten Integrals mühelos geben zu können, damit wächst.

Im vorliegenden Tabellenwerk sind nun rund 450 Integrale vereinigt, und da für jede Funktion der Differential-Quotient berechnet und angegeben worden ist, zu dem die erstere das Integral bildet, so stehen dem Ingenieur — und übrigens auch allen andern, die sich beruflich viel mit dem Höheren Kalkül beschäftigen müssen — in dieser Sammlung an 900 Integrale zur Verfügung.

Darüber hinaus stellen die Tafeln aber gleichzeitig auch noch eine umfangreiche Formel- und Aufgabensammlung für den Studierenden dar und enthalten Stoff für seine Übungen in der Differential- und Integralrechnung in einer Vielgestaltigkeit und bequemen Übersichtlichkeit, wie solche (meines Wissens) bisher noch an keiner anderen Stelle geboten worden sind.

Die Integrale sind sämtlich auf elementare Funktionen zurückgeführt; betreffs Elliptischer Integrale, ferner solcher, die nur durch Reihenentwicklung lösbar sind, und sonstiger höherer Funktionen muß auf das Standardwerk: „Funktionentafeln" von Jahnke & Emde (Leipzig, Teubner) verwiesen werden.

Der Stoff wurde eingeteilt in

A. a) und b) Algebraische, rationale und irrationale Funktionen,

B. c), d), e) und f) Transzendente: Exponential- und Logarithmus-, Trigonometrische, Arcus- und Hyperbolische Funktionen,

und innerhalb der einzelnen Abteilungen möglichst in durch eine gleiche Lösungsart in sich abgeschlossene Gruppen gegliedert, was sich allerdings wegen des häufig unvermeidlichen Ineinandergreifens nicht überall streng durchführen ließ.

Die Arbeit hat mehreren alterfahrenen Lehrern zweier Technischer Hochschulen vorgelegen und ist ausnahmslos als zweckentsprechend befunden worden. Es ist mir eine angenehme Pflicht, namentlich den Herren Geheimräten Prof. Dr. Ing. E. h. E. Josse und Prof. Dr. Ing. E. h. O. Kammerer, Berlin, für ihren guten Rat und ihre praktischen Winke auch an dieser Stelle meinen ergebensten Dank zu sagen.

Für etwaige Berichtigungen und Ergänzungsvorschläge wäre ich den Fachgenossen besonders dankbar.

Berlin-Lankwitz, im Sommer 1935.

Carl Naske.

Benütztes Schrifttum:

Egerer: „Ingenieur-Mathematik", II., 1922, Berlin, Springer.
Witting: „Repetitorium", 1934, Berlin, Walter de Gruyter.
Wicke: „Einführung in die Höhere Mathematik für Ingenieure", 1927, Berlin, Springer.
Courant: „Vorlesungen über Differential- und Integralrechnung", 1931, Berlin, Springer.
Thompson: „Höhere Mathematik", 1932, Leipzig, Akademische Verlagsgesellschaft.
„Hütte": „Des Ingenieurs Taschenbuch", I., 26. Auflage, 1931, Berlin, Ernst & Sohn.

Integraltafeln.

A. Algebraische, rationale und irrationale Funktionen.

a) Rationale Funktionen.

Nr.	$\frac{dy}{dx}$	y	$\int y\,dx$ *)
1a	1	x	$\frac{1}{2}x^2$
2a	0	a	ax
3a	1	$x \pm a$	$\frac{1}{2}x^2 \pm ax$
4a	a	ax	$\frac{1}{2}ax^2$
5a	$2x$	x^2	$\frac{1}{3}x^3$
6a	nx^{n-1}	x^n	$\frac{1}{n+1}x^{n+1}$
7a	$-x^{-2}$	x^{-1}	$\ln x$
8a	$\frac{du}{dx} \pm \frac{dv}{dx} \pm \frac{dw}{dx}$	$u \pm v \pm w$	$\int u\,dx \pm \int v\,dx \pm \int w\,dx$
9a	$u\frac{dv}{dx} + v\frac{du}{dx}$	uv	Ein allgemeiner Ausdruck ist nicht bekannt!
10a	$\frac{v\frac{du}{dx} - u\frac{dv}{dx}}{v^2}$	$\frac{u}{v}$	Ein allgemeiner Ausdruck ist nicht bekannt!
10'a	$\frac{du}{dx}$	u	$ux - \int x\,du$
11a	$am(ax+b)^{m-1}$	$(ax+b)^m$	$\frac{(ax+b)^{m+1}}{a(m+1)}$

*) Die Konstante ist überall weggelassen.

Nr.	$\dfrac{dy}{dx}$	y	$\int y\,dx$
12a	$mx^{m-1}(ax+b)^n +$ $+ anx^m(ax+b)^{n-1}$	$x^m(ax+b)^n$	$\dfrac{x^m(ax+b)^{n+1}}{a(m+n+1)} -$ $- \dfrac{bm}{a(m+n+1)} \cdot$ $\cdot \int x^{m-1}(ax+b)^n dx$ oder $\dfrac{x^{m+1}(ax+b)^n}{m+n+1} +$ $+ \dfrac{bn}{m+n+1} \cdot$ $\int x^m(ax+b)^{n-1} dx$
13a	$x^2 p^3 (3p + 4ax)$	$x^3(ax+b)^4$ $ax+b = p$	$\dfrac{1}{8a}\left\{x^3 p^5 - \dfrac{3b}{7a}\left[x^2 p^5 - \dfrac{2b}{6a}\left(xp^5 - b\dfrac{p^5}{5a}\right)\right]\right\}$
14a	$\dfrac{-b^2}{(a+bx)^2}$	$\dfrac{b}{a+bx}$	$\ln(a+bx)$
15a	$\dfrac{\mp b}{(a\pm bx)^2}$	$\dfrac{1}{a \pm bx}$	$\pm \dfrac{1}{b} \ln(a \pm bx)$
16a	$\dfrac{-1}{(x+a)^2}$	$\dfrac{1}{x+a}$	$\ln(x+a)$
17a	$-\dfrac{2x+a+b}{(x^2+ax+bx+ab)^2}$	$\dfrac{1}{(x+a)(x+b)}$	$\dfrac{1}{b-a} \ln\left(\dfrac{x+a}{x+b}\right)$
18a	$\dfrac{-bn}{(a+bx)^{n+1}}$	$\dfrac{1}{(a+bx)^n}$	$\dfrac{1}{b(1-n)}(a+bx)^{1-n}$
19a	$\dfrac{1}{(1+x)^2}$	$\dfrac{x}{1+x}$	$x - \ln(1+x)$
20a	$\dfrac{1}{(1-x)^2}$	$\dfrac{x}{1-x}$	$-x - \ln(1-x)$
21a	$\dfrac{-1}{x^2}$	$\dfrac{1+x}{x}$	$\ln x + x$
22a	$\dfrac{2}{(x+1)^2}$	$\dfrac{x-1}{x+1}$ *)	$x - 2\ln(x+1)$
23a	$\dfrac{a}{(a+bx)^2}$	$\dfrac{x}{a+bx}$	$\dfrac{x}{b}\ln(a+bx) - \dfrac{1}{b^2} \cdot$ $\cdot (a+bx)[\ln(a+bx)-1]$

*) Siehe ferner noch die Nummern 106a, 107a.

Nr.	$\dfrac{dy}{dx}$	y	$\int y\,dx$
24a	$\dfrac{-2a}{(x-a)^2}$	$\dfrac{x+a}{x-a}$	$2a\ln(x-a)+x$
25a	$\dfrac{-2a}{(a+x)^2}$	$\dfrac{a-x}{a+x}$	$2a\ln(a+x)-x$
26a	$\dfrac{2a}{(x+a)^2}$	$\dfrac{x-a}{x+a}$	$x-2a\ln(x+a)$
27a	$\dfrac{-2}{x^3}$	$\dfrac{1}{x^2}$	$-\dfrac{1}{x}$
28a	$\dfrac{-2x}{(1+x^2)^2}$	$\dfrac{1}{1+x^2}$	$\operatorname{arctg} x = -\operatorname{arcctg} x$
29a	$\dfrac{2x}{(1-x^2)^2}$	$\dfrac{1}{1-x^2}$	$\dfrac{1}{2}\ln\left(\dfrac{1+x}{1-x}\right) = \operatorname{ArTg} x$ $x<1$
30a	$\dfrac{-2x}{(x^2-1)^2}$	$\dfrac{1}{x^2-1}$	$\dfrac{1}{2}\ln\left(\dfrac{x-1}{x+1}\right) = -\operatorname{ArCtg} x$ $x>1$
31a	$\dfrac{-2x}{(a^2+x^2)^2}$	$\dfrac{1}{a^2+x^2}$	$\dfrac{1}{a}\operatorname{arctg}\left(\dfrac{x}{a}\right)$
32a	$\dfrac{-2x}{(x^2-a^2)^2}$	$\dfrac{1}{x^2-a^2}$	$\dfrac{1}{2a}\ln\left(\dfrac{x-a}{x+a}\right)$
33a	$\dfrac{2x}{(a^2-x^2)^2}$	$\dfrac{1}{a^2-x^2}$	$\dfrac{1}{2a}\ln\left(\dfrac{a+x}{a-x}\right)$
34a	$\dfrac{-2bx}{(a+bx^2)^2}$	$\dfrac{1}{a+bx^2}$	$\dfrac{1}{\sqrt{ab}}\operatorname{arctg}\left(x\sqrt{\dfrac{b}{a}}\right)$ $ab>0$
35a	$\dfrac{2bx}{(a-bx^2)^2}$	$\dfrac{1}{a-bx^2}$	$\dfrac{1}{2\sqrt{ab}}\ln\left(\dfrac{\sqrt{ab}+bx}{\sqrt{ab}-bx}\right)$ $ab>0$
36a	$\dfrac{-2(x+a)}{[(x+a)^2+b^2]^2}$	$\dfrac{1}{(x+a)^2+b^2}$	$\dfrac{1}{b}\operatorname{arctg}\left(\dfrac{x+a}{b}\right)$
37a	$\dfrac{-2(x+a)}{(x^2+2ax+a^2-b^2)^2}$	$\dfrac{1}{(x+a)^2-b^2}$	$\dfrac{1}{2b}\ln\left(\dfrac{x+a-b}{x+a+b}\right)$

Nr.	$\dfrac{dy}{dx}$	y	$\int y\,dx$
38a	$-\dfrac{2nx}{(x^2+1)^{n+1}}$	$\dfrac{1}{(x^2+1)^n}$	$\dfrac{x}{2(n-1)(x^2+1)^{n-1}} + \dfrac{2n-3}{2(n-1)}\int\dfrac{dx}{(x^2+1)^{n-1}}$
39a	$-\dfrac{4x}{(x^2-1)^3}$	$\dfrac{1}{(x^2-1)^2}$	$-\left[\dfrac{x}{2(x^2-1)} + \dfrac{1}{4}\ln\left(\dfrac{x-1}{x+1}\right)\right]$
40a	$-\dfrac{3x^2-1}{(x^3-x)^2}$	$\dfrac{1}{x^3-x}$	$\ln\left(\dfrac{\sqrt{x^2-1}}{x}\right)$
41a	$\dfrac{3x^2-1}{(x-x^3)^2}$	$\dfrac{1}{x-x^3}$	$\ln\left(\dfrac{x}{\sqrt{1-x^2}}\right)$
42a	$-\dfrac{2ax}{(ax^2-b)^2}$	$\dfrac{1}{ax^2-b}$	$\dfrac{1}{2\sqrt{ab}}\ln\left(\dfrac{ax-\sqrt{ab}}{ax+\sqrt{ab}}\right)$
43a	$\dfrac{-2x}{(a+x^2)^2}$	$\dfrac{1}{a+x^2}$	$\dfrac{1}{\sqrt{a}}\operatorname{arctg}\left(\dfrac{x}{\sqrt{a}}\right)$
44a	$\dfrac{-2(1+x)}{(x^2+2x+3)^2}$	$\dfrac{1}{x^2+2x+3}$	$\dfrac{1}{\sqrt{2}}\operatorname{arctg}\left(\dfrac{x+1}{\sqrt{2}}\right)$
45a	$\dfrac{4x^3}{(1-x^4)^2}$	$\dfrac{1}{1-x^4}$	$\dfrac{1}{2}\operatorname{arctg}x + \dfrac{1}{4}\ln\left(\dfrac{1+x}{1-x}\right)$
46a	$\dfrac{-4x^3}{(x^4-1)^2}$	$\dfrac{1}{x^4-1}$	$\dfrac{1}{4}\ln\left(\dfrac{x-1}{x+1}\right) - \dfrac{1}{2}\operatorname{arctg}x$
47a	$-\dfrac{3x^2+2x+1}{(x^3+x^2+x)^2}$	$\dfrac{1}{x(x^2+x+1)}$	$\ln x - \dfrac{1}{2}\ln(x^2+x+1) - \dfrac{1}{\sqrt{3}}\operatorname{arctg}\left(\dfrac{1+2x}{\sqrt{3}}\right)$
48a	$\dfrac{2x(1-3x^2)}{(x^2+1)^3(x^2-1)^2}$	$\dfrac{1}{(x^2+1)^2(x^2-1)}$	$\dfrac{1}{8}\ln\left(\dfrac{x-1}{x+1}\right) - \dfrac{x}{4(x^2+1)} - \dfrac{1}{2}\operatorname{arctg}x$
49a	$-\dfrac{(5x+4)}{(x-1)^4(x+2)^3}$	$\dfrac{1}{(x-1)^3(x+2)^2}$	$\dfrac{4x-7}{54(x-1)^2} + \dfrac{1}{27}\cdot\ln\left(\dfrac{x-1}{x+2}\right) + \dfrac{1}{27(x+2)}$

Nr.	$\dfrac{dy}{dx}$	y	$\int y\,dx$
50a	$\dfrac{(x^2+1)^n - 2nx^2(x^2+1)^{n-1}}{(x^2+1)^{2n}}$	$\dfrac{x}{(x^2+1)^n}$	$\dfrac{-1}{2(n-1)(x^2+1)^{n-1}}$
51a	$\dfrac{a^2 - x^2}{(x^2 + a^2)^2}$	$\dfrac{x}{x^2 + a^2}$	$\dfrac{1}{2}\ln(x^2 + a^2)$
52a	$-\dfrac{a^2 + x^2}{(x^2 - a^2)^2}$	$\dfrac{x}{x^2 - a^2}$	$\dfrac{1}{2}\ln(x^2 - a^2)$
53a	$\dfrac{a^2 + x^2}{(a^2 - x^2)^2}$	$\dfrac{x}{a^2 - x^2}$	$-\dfrac{1}{2}\ln(a^2 - x^2)$
54a	$\dfrac{a - x}{(x + a)^3}$	$\dfrac{x}{(x + a)^2}$	$\ln(a + x) - \dfrac{x}{a + x}$
55a	$\dfrac{b(a - bx)}{(a + bx)^3}$	$\dfrac{bx}{(a + bx)^2}$	$\dfrac{1}{b}\ln(a + bx) - \dfrac{x}{a + bx}$
56a	$-\dfrac{2x^3 + x^2 + 1}{(x^3 + x^2 - x - 1)^2}$	$\dfrac{x}{x^3 + x^2 - x - 1}$	$\dfrac{1}{4}\ln\left(\dfrac{x-1}{x+1}\right) - \dfrac{1}{2(1+x)}$
57a	$\dfrac{2b^2(bx - 2a)}{(a + bx)^4}$	$\dfrac{b(a - bx)}{(a + bx)^3}$	$\dfrac{bx}{(a + bx)^2}$
58a	$\dfrac{2b^2 - 6(x + a)^2}{[(x + a)^2 + b^2]^3}$	$\dfrac{2(x + a)}{[(x + a)^2 + b^2]^2}$	$-\dfrac{1}{(x + a)^2 + b^2}$
59a	$\dfrac{b - x^2 - 2a(x + a)}{(x^2 + 2ax + b)^2}$	$\dfrac{x + a}{x^2 + 2ax + b}$	$\dfrac{1}{2}\ln(x^2 + 2ax + b)$
60a	$\dfrac{2(x^3 - 7x^2 + 8x - 4)}{x^2(x^2 - 2x + 2)^2}$	$\dfrac{4 - x}{x(x^2 - 2x + 2)}$	$2\ln x - \ln(x^2 - 2x + 2) + \mathrm{arctg}(x-1)$
61a	$\dfrac{-31x^2 + 192x - 846}{6(x^2 - 3x - 18)^2}$	$\dfrac{31x - 96}{6(x^2 - 3x - 18)}$	$\dfrac{7}{2}\ln(x+3) + \dfrac{5}{6}\ln(x-6)$
62a	$-\dfrac{2(x^2 - 6x + 1)}{(x^2 - 2x + 5)^2}$	$\dfrac{2x - 6}{x^2 - 2x + 5}$	$\ln(x^2 - 2x + 5) - 2\,\mathrm{arctg}\left(\dfrac{x-1}{2}\right)$
63a	$\dfrac{6x(1 - x) + 5}{(3x^2 + x + 2)^2}$	$\dfrac{2x - 1}{3x^2 + x + 2}$	$\dfrac{1}{3}\ln(3x^2 + x + 2) - \dfrac{8}{3\sqrt{23}}\mathrm{arctg}\left(\dfrac{6x+1}{\sqrt{23}}\right)$

Nr.	$\dfrac{dy}{dx}$	y	$\int y\,dx$
64a	$\dfrac{-2x^2(2x+1)+2(2x-1)}{(x^2+1)^3(x-1)^2}$	$\dfrac{x+1}{(x-1)(x^2+1)^2}$	$\dfrac{1}{2}\ln(x-1)-\dfrac{1}{4}\ln(x^2+1)+$ $+\dfrac{1}{2(x^2+1)}-\dfrac{1}{2}\operatorname{arctg} x$
65a	$\dfrac{a-bx}{(a+bx)^3}$	$\dfrac{x}{(a+bx)^2}$	$\dfrac{1}{b^2}\ln(ab+b^2x)-$ $-\dfrac{x}{ab+b^2x}$
66a	$\dfrac{2a^2}{x^3}$	$\dfrac{x^2-a^2}{x^2}$	$\dfrac{x^2+a^2}{x}$
67a	$\dfrac{x^2+a^2}{x^2}$	$\dfrac{x^2-a^2}{x}$	$\dfrac{x^2}{2}-a^2\ln x$
68a	$\dfrac{4x(x^2+1)}{(1-x^2)^3}$	$\dfrac{2x^2}{(1-x^2)^2}$	$\dfrac{x}{1-x^2}-\dfrac{1}{2}\ln\left(\dfrac{1+x}{1-x}\right)$
69a	$\dfrac{x^2+2ax-a}{(x+a)^2}$	$\dfrac{x^2+a}{x+a}$	$\dfrac{x^2}{2}-ax+$ $+(a^2+a)\ln(x+a)$
70a	$\dfrac{x^2-4x+6}{(x-2)^2}$	$\dfrac{x^2-4x+2}{x-2}$	$\dfrac{x^2}{2}-2x-2\ln(x-2)$
71a	$\dfrac{2a(a+1)}{(x+a)^3}$	$\dfrac{x^2+2ax-a}{(x+a)^2}$	$x+\dfrac{a(a+1)}{x+a}$
72a	$-\dfrac{2a(x^2+ax+x+a^2)}{(x^2-a^2)^2}$	$\dfrac{x^2+2ax+a}{x^2-a^2}$	$x+\left(\dfrac{a-1}{2}\right)\ln(x+a)+$ $+\left(\dfrac{3a+1}{2}\right)\ln(x-a)$
73a	$-\dfrac{42x^2+109x+6}{(3x-2)^5}$	$\dfrac{7x^2+9x-1}{(3x-2)^4}$	$\dfrac{16+9x-378x^2}{162(3x-2)^3}$
74a	$\dfrac{2ax}{(x+a)^3}$	$\dfrac{x^2}{(x+a)^2}$	$[2a^2+4ax+x^2-$ $-2(a^2+ax)\ln(a+x)]:$ $:x+a$
75a	$-\dfrac{2(x^3+x)}{(x^2-1)^3}$	$\dfrac{x^2}{(x^2-1)^2}$ *)	$\dfrac{1}{4}\ln\left(\dfrac{x-1}{x+1}\right)-\dfrac{x}{2(x^2-1)}$
76a	$\dfrac{1+6x^2-3x^4}{x^2(x^2+1)^3}$	$\dfrac{x^2-1}{x(x^2+1)^2}$	$-\ln x-\dfrac{1}{x^2+1}+$ $+\dfrac{1}{2}\ln(x^2+1)$

*) Siehe ferner noch die Nummern 108a und 109a.

Nr.	$\dfrac{dy}{dx}$	y	$\int y\,dx$
77a	$[2x^3(8-x) - 4x(17x-24)-10] : (x^2-1)^2(x-3)^2$	$\dfrac{2x^2-8x+14}{(x^2-1)(x-3)}$	$3\ln(x+1) - 2\ln(x-1)+\ln(x-3)$
78a	$[2x^3(x-6)-15x \cdot (5x-4)-144] : (x-1)^2(x^2+5x+11)^2$	$\dfrac{-2x^2+6x+13}{(x-1)(x^2+5x+11)}$	$\ln(x-1) - \dfrac{3}{2}\ln(x^2+5x+11) + \dfrac{11}{\sqrt{19}}\operatorname{arc\,tg}\dfrac{2x+5}{\sqrt{19}}$
79a	$[2x^3(2-x) + x(4-9x)-2] : (x^3+1)^2$	$\dfrac{2x^2-2x+3}{x^3+1}$	$\dfrac{7}{3}\ln(x+1) + \dfrac{1}{\sqrt{3}}\operatorname{arc\,tg}\left(\dfrac{2x-1}{\sqrt{3}}\right) - \dfrac{1}{6}\ln(x^2-x+1)$
80a	$-\dfrac{3x^2(x-2)-5x-4}{x^3(x-1)^4}$	$\dfrac{x^2+3x+2}{x^2(x-1)^3}$	$-\dfrac{3}{(x-1)^2}+\dfrac{6}{x-1} + \dfrac{2}{x}+9\ln(x-1)-9\ln x$
81a	$\dfrac{3x^2(a-bx^2)}{(a+bx^2)^4}$	$\dfrac{x^3}{(a+bx^2)^3}$	$-\dfrac{1}{4b^2}\left[\dfrac{a+2bx^2}{(a+bx^2)^2}\right]$
82a	$\dfrac{2x^3+3x^2}{(x+1)^2}$	$\dfrac{x^3}{x+1}$	$\dfrac{x^3}{3}-\dfrac{x^2}{2}+x-\ln(x+1)$
83a	$\dfrac{x^2(4x-x^4-3)}{(x^4-1)^2}$	$\dfrac{x^3-1}{x^4-1}$	$\dfrac{1}{2}\left[\operatorname{arc\,tg}x + \dfrac{1}{2}\cdot \ln(1+x^2)+\ln(1+x)\right]$
84a	$\dfrac{12a}{(x+a)^4}$	$-\dfrac{4a}{(x+a)^3}$	$\dfrac{2a}{(x+a)^2}$
85a	$\dfrac{a+bx^2}{(a-bx^2)^2}$	$\dfrac{x}{a-bx^2}$	$-\dfrac{1}{2b}[\ln(ab-b^2x^2)-2]$
86a	$-\dfrac{2x(x+a)}{(x-a)^5}$	$\dfrac{x^2}{(x-a)^4}$	$-\dfrac{1}{3}\left[\dfrac{x^2}{(x-a)^3}+\dfrac{x}{(x-a)^2}+\dfrac{1}{x-a}\right]$
87a	$-\dfrac{4x^3}{(x^2-1)^3}$	$\dfrac{x^4}{(x^2-1)^2}$	$\dfrac{2x^3-3x}{2(x^2-1)}+\dfrac{3}{4}\ln\left(\dfrac{x-1}{x+1}\right)$

Nr.	$\dfrac{dy}{dx}$	y	$\int y\,dx$
88a	$-\dfrac{x^4-4x^3-6x^2+4x+1}{(x^2+1)^3}$	$\dfrac{x(x^2-2x-1)}{(x^2+1)^2}$	$\dfrac{x+1}{x^2+1}+\dfrac{1}{2}\ln(x^2+1)-\arctan x$
89a	$\dfrac{16x^3+12x^2-11}{(2x+1)^2}$	$\dfrac{4x^3-7x+2}{2x+1}$	$\dfrac{2x^3}{3}-\dfrac{x^2}{2}-3x+\dfrac{5}{2}\ln(2x+1)$
90a	$-\dfrac{x^3+3x^2+4}{(x-1)^5}$	$\dfrac{x^3+1}{(x-1)^4}$	$\ln(x-1)-\dfrac{3}{x-1}-\dfrac{3}{2(x-1)^2}-\dfrac{2}{3(x-1)^3}$
91a	$\dfrac{x^4(5-x^3)}{(x^3+1)^3}$	$\dfrac{x^5}{(x^3+1)^2}$	$\dfrac{1}{3}\ln(x^3+1)+\dfrac{1}{3(x^3+1)}$
92a	$\dfrac{2x-x^4}{(x^3+1)^2}$	$\dfrac{x^2}{x^3+1}$	$\dfrac{1}{3}\ln(x+1)+\dfrac{1}{3}\ln(x^2-x+1)=\dfrac{1}{3}\ln(x^3+1)$
93a	$\dfrac{2x(1-2x^3)}{(x^3+1)^3}$	$\dfrac{x^2}{(x^3+1)^2}$	$-\dfrac{1}{3(x^3+1)}$
94a	$\dfrac{2x^3(2a^2+x^2)}{(a^2+x^2)^2}$	$\dfrac{x^4}{a^2+x^2}$	$a^3\arctan\dfrac{x}{a}-a^2x+\dfrac{x^3}{3}$
95a	$\dfrac{x^2(3a^2+x^2)}{(a^2+x^2)^2}$	$\dfrac{x^3}{a^2+x^2}$	$\dfrac{x^2}{2}-\dfrac{a^2}{2}\ln(a^2+x^2)$
96a	$\dfrac{2a^2x}{(a^2+x^2)^2}$	$\dfrac{x^2}{a^2+x^2}$	$x-a\arctan\dfrac{x}{a}$
97a	$[p^2(3x^2-\omega^2-2\omega x)+x(x^3+\omega^2x-2\omega^3)]:(p^2+x^2)^2$	$\dfrac{(\omega-x)(\omega^2-x^2)}{p^2+x^2}$	$(\omega^2+p^2)\left[\dfrac{\omega}{p}\arctan\dfrac{x}{p}-\dfrac{1}{2}\ln(p^2+x^2)\right]-x\left(\dfrac{2\omega-x}{2}\right)$
98a	$2x(x^4+2p^2x^2-2p^2\omega^2-2\omega^4):(p^2+x^2)^2$	$\dfrac{(\omega^2-x^2)^2}{p^2+x^2}$	$\dfrac{1}{p}\arctan\dfrac{x}{p}(\omega^2+p^2)^2-2\omega^2x-p^2x+\dfrac{x^3}{3}$

Nr.	$\dfrac{dy}{dx}$	y	$\int y\,dx$
99a	$-\dfrac{2(b+cx)}{(a+2bx+cx^2)^2}$	$\dfrac{1}{a+2bx+cx^2}$ $\Delta = ac-b^2$ wenn $-\Delta > 0$	$\dfrac{1}{\sqrt{\Delta}}\operatorname{arc\,tg}\dfrac{b+cx}{\sqrt{\Delta}} \cdots \Delta > 0$ $\dfrac{1}{2\sqrt{-\Delta}} \cdot \ln\left(\dfrac{\sqrt{-\Delta}-b-cx}{\sqrt{-\Delta}+b+cx}\right) =$ $= -\dfrac{1}{\sqrt{-\Delta}}\mathfrak{Ar\,Tg}\dfrac{b+cx}{\sqrt{-\Delta}}$ $-\dfrac{1}{b+cx} \cdots$ wenn $\Delta = 0$
100a	$\dfrac{\beta m - 2(\alpha+\beta x)(b+cx)}{m^2}$	$\dfrac{\alpha+\beta x}{a+2bx+cx^2}$ $a+2bx+cx^2 = m$	$\dfrac{\beta}{2c}\ln m + \dfrac{\alpha c - \beta b}{c}\int\dfrac{dx}{m}$
101a	$-\dfrac{2p(b+cx)}{m^{p+1}}$	$\dfrac{1}{(a+2bx+cx^2)^p}$ $a+2bx+cx^2 = m$ $ac - b^2 = n$	$\dfrac{b+cx}{2n(p-1)m^{p-1}} +$ $+ \dfrac{(2p-3)c}{2n(p-1)}\int\dfrac{dx}{m^{p-1}}$
102a	$\dfrac{\beta m - 2zp(b+cx)}{m^{p+1}}$	$\dfrac{\alpha+\beta x}{(a+2bx+cx^2)^p}$ $a+2bx+cx^2 = m$ $\alpha+\beta x = z$	$-\dfrac{\beta}{2c(p-1)m^{p-1}} +$ $+ \dfrac{\alpha c - \beta b}{c}\int\dfrac{dx}{m^p}$
103a	$\dfrac{a_1(a-cx^2)-2a_0(b+cx)}{m^2}$	$\dfrac{a_1 x + a_0}{a+2bx+cx^2}$ $a+2bx+cx^2 = m$	$\dfrac{a_1}{2c}\ln m + \dfrac{(a_0 c - a_1 b)}{c\sqrt{ac-b^2}} \cdot$ $\cdot \operatorname{arc\,tg}\left(\dfrac{b+cx}{\sqrt{ac-b^2}}\right)$
104a	$\dfrac{a-cx^2}{m^2}$	$\dfrac{x}{a+2bx+cx^2}$ $a+2bx+cx^2 = m$	$\dfrac{1}{2c}\ln m - \dfrac{b}{c\sqrt{ac-b^2}} \cdot$ $\cdot \operatorname{arc\,tg}\left(\dfrac{b+cx}{\sqrt{ac-b^2}}\right)$
105a	$\dfrac{1-x^2}{(x^2+x+1)^2}$	$\dfrac{x}{x^2+x+1}$	$\dfrac{1}{2}\ln(x^2+x+1) -$ $- \dfrac{1}{\sqrt{3}}\operatorname{arc\,tg}\left(\dfrac{1+2x}{\sqrt{3}}\right)$

Nr.	$\dfrac{dy}{dx}$	y	$\int y\,dx$
106a	$-\dfrac{2+x}{x^3}$	$\dfrac{1+x}{x^2}$	$\ln x - \dfrac{1}{x}$
107a	$\dfrac{x-2}{x^3}$	$\dfrac{1-x}{x^2}$	$-\dfrac{1}{x} - \ln x$
108a	$\dfrac{x(2-x)}{(1-x)^2}$	$\dfrac{x^2}{1-x}$	$-\dfrac{x^2}{2} - x - \ln(1-x)$
109a	$\dfrac{x(2+x)}{(1+x)^2}$	$\dfrac{x^2}{1+x}$	$\dfrac{x^2}{2} - x + \ln(1+x)$

Nr.	$\dfrac{dy}{dx}$	y	$\int y\,dx$

Nr.	$\dfrac{dy}{dx}$	y	$\int y\,dx$

b) Irrationale Funktionen.

Nr.	$\dfrac{dy}{dx}$	y	$\int y\, dx$
1b	$\dfrac{1}{2\sqrt{x}}$	$\sqrt{x}$	$\dfrac{2}{3}\sqrt{x^3}$
2b	$\dfrac{a}{n}(ax+b)^{\frac{1-n}{n}}$	$\sqrt[n]{ax+b}$	$\dfrac{n}{a(n+1)}(ax+b)^{\frac{n+1}{n}}$
3b	$\dfrac{a}{2\sqrt{ax+b}}$	$\sqrt{ax+b}$	$\dfrac{2}{3a}\sqrt{(ax+b)^3}$
4b	$\dfrac{bm}{2}\sqrt{(a+bx)^{m-2}}$	$\sqrt{(a+bx)^m}$	$\dfrac{2}{b(m+2)}\sqrt{(a+bx)^{m+2}}$
5b	$\dfrac{2a+3x}{2\sqrt{a+x}}$	$x\sqrt{a+x}$	$\dfrac{2}{3}x\sqrt{(a+x)^3} - \dfrac{4}{15}\sqrt{(a+x)^5}$
6b	$\sqrt{ax+b}$	$\dfrac{2}{3a}\sqrt{(ax+b)^3}$	$\dfrac{4}{15a^2}\sqrt{(ax+b)^5}$
7b	$\dfrac{bx}{\sqrt{a+bx^2}}$	$\sqrt{a+bx^2}$	$\dfrac{x}{2}\sqrt{\ } + \dfrac{a}{2\sqrt{b}}\ln(bx+\sqrt{b}\sqrt{\ })$
8b	$-\dfrac{bx}{\sqrt{a-bx^2}}$	$\sqrt{a-bx^2}$	$\dfrac{x}{2}\sqrt{\ } + \dfrac{a}{2\sqrt{b}}\arcsin\left(x\sqrt{\dfrac{b}{a}}\right)$
9b	$\dfrac{a+x}{\sqrt{2ax+x^2}}$	$\sqrt{2ax+x^2}$	$\dfrac{a+x}{2}\sqrt{\ } - \dfrac{a^2}{2}\ln(a+x+\sqrt{\ })$
10b	$\dfrac{a-x}{\sqrt{2ax-x^2}}$	$\sqrt{2ax-x^2}$	$\dfrac{x-a}{2}\sqrt{\ } - \dfrac{a^2}{2}\arcsin\left(\dfrac{a-x}{a}\right)$
11b	$\dfrac{x(3a-2x)}{\sqrt{2ax-x^2}}$	$x\sqrt{2ax-x^2}$	$\dfrac{1}{6}(2x^2-ax-3a^2)\sqrt{\ } + \dfrac{a^3}{2}\arcsin\left(\dfrac{x-a}{a}\right)$
12b	$\dfrac{x(4a+5x)}{2\sqrt{a+x}}$	$x^2\sqrt{a+x}$	$\dfrac{2}{105}(8a^3-4a^2x+3ax^2+15x^3)\sqrt{\ }$

Nr.	$\dfrac{dy}{dx}$	y	$\int y\,dx$
13b	$\dfrac{b+cx}{\sqrt{a+2bx+cx^2}}$	$\sqrt{a+2bx+cx^2}$	$\dfrac{b+cx}{2c}\sqrt{} + \dfrac{ac-b^2}{2c}\int\dfrac{dx}{\sqrt{}}$
14b	$\dfrac{ma^2 x^{m-1}-(m+1)x^{m+1}}{\sqrt{a^2-x^2}}$	$x^m\sqrt{a^2-x^2}$	$\dfrac{x^{m-1}(mx^2-a^2)\sqrt{}}{m(m+2)} +$ $+\dfrac{(m-1)a^4}{m(m+2)}\int\dfrac{x^{m-2}dx}{\sqrt{}}$
15b	$\dfrac{x^{m+1}(m+1)\pm a^2 m x^{m-1}}{\sqrt{x^2\pm a^2}}$	$x^m\sqrt{x^2\pm a^2}$	$\dfrac{x^{m-1}(mx^2\pm a^2)\sqrt{}}{m(m+2)} -$ $-\dfrac{(m-1)a^4}{m(m+2)}\int\dfrac{x^{m-2}dx}{\sqrt{}}$
16b	$\dfrac{-x}{\sqrt{a^2-x^2}}$	$\sqrt{a^2-x^2}$	$\dfrac{x}{2}\sqrt{} + \dfrac{a^2}{2}\arcsin\dfrac{x}{a}$
17b	$\dfrac{x}{\sqrt{x^2\pm a^2}}$	$\sqrt{x^2\pm a^2}$	$\dfrac{x}{2}\sqrt{} \pm \dfrac{a^2}{2}\ln(x+\sqrt{})$
18b	$\dfrac{a^2-2x^2}{\sqrt{a^2-x^2}}$	$x\sqrt{a^2-x^2}$	$-\dfrac{1}{3}\sqrt{(a^2-x^2)^3}$
19b	$\dfrac{2x^2\pm a^2}{\sqrt{x^2\pm a^2}}$	$x\sqrt{x^2\pm a^2}$	$\dfrac{1}{3}\sqrt{(x^2\pm a^2)^3}$
20b	$\dfrac{x(2a^2-3x^2)}{\sqrt{a^2-x^2}}$	$x^2\sqrt{a^2-x^2}$	$\dfrac{x}{8}\sqrt{}\cdot(2x^2-a^2) +$ $+\dfrac{a^4}{8}\arcsin\dfrac{x}{a}$
21b	$\dfrac{x(3x^2\pm 2a^2)}{\sqrt{x^2\pm a^2}}$	$x^2\sqrt{x^2\pm a^2}$	$\dfrac{x}{8}(2x^2\pm a^2)\sqrt{} \mp$ $\mp\dfrac{a^4}{8}\ln(x+\sqrt{})$
22b	$-\dfrac{1}{2\sqrt{x^3}}$	$\dfrac{1}{\sqrt{x}}$	$2\sqrt{x}$
23b	$-\dfrac{a}{n}(ax+b)^{\frac{-1-n}{n}}$	$\dfrac{1}{\sqrt[n]{ax+b}}$	$\dfrac{n}{a(n-1)}\cdot\dfrac{ax+b}{\sqrt[n]{ax+b}}$
24b	$\dfrac{-a}{2\sqrt{(ax+b)^3}}$	$\dfrac{1}{\sqrt{ax+b}}$	$\dfrac{2}{a}\sqrt{ax+b}$

Nr.	$\frac{dy}{dx}$	y	$\int y\,dx$
25b	$\dfrac{P(ax+2b)-aQ}{2\sqrt{(ax+b)^3}}$	$\dfrac{Px+Q}{\sqrt{ax+b}}$	$\dfrac{2}{3a^2}\sqrt{\ }(Pax+3Qa-2Pb)$
26b	$\dfrac{ad-bc}{n(cx+d)^2}\cdot\left(\dfrac{ax+b}{cx+d}\right)^{\frac{1-n}{n}}$	$\sqrt[n]{\dfrac{ax+b}{cx+d}}\ \sqrt[n]{\ }=z$	$n(ad-bc)\int\dfrac{z^n\,dz}{(a-cz^n)^2}$
27b	$\dfrac{ad-bc}{2\sqrt{mn^3}}$	$\sqrt{\dfrac{ax+b}{cx+d}}$ $ax+b=m$ $cx+d=n$	$\dfrac{1}{c}\sqrt{mn}+\dfrac{ad-bc}{2c\sqrt{ac}}\cdot$ $\cdot\ln\left(\dfrac{\sqrt{cm}-\sqrt{an}}{\sqrt{cm}+\sqrt{an}}\right)$, oder, wenn a und c ungleiche Vorzeichen haben: $\dfrac{1}{c}\sqrt{mn}+\dfrac{ad-bc}{c\sqrt{-ac}}\cdot$ $\cdot\operatorname{arc\,tg}\sqrt{-\dfrac{cm}{an}}$
28b	$\dfrac{a^2mx^{m-1}-(m-1)x^{m+1}}{\sqrt{(a^2-x^2)^3}}$	$\dfrac{x^m}{\sqrt{a^2-x^2}}$	$-\dfrac{x^{m-1}\sqrt{\ }}{m}+\dfrac{(m-1)}{m}a^2\int\dfrac{x^{m-2}\,dx}{\sqrt{\ }}$
29b	$\dfrac{(m-1)x^{m+1}\pm a^2mx^{m-1}}{\sqrt{(x^2\pm a^2)^3}}$	$\dfrac{x^m}{\sqrt{x^2\pm a^2}}$	$\dfrac{x^{m-1}\sqrt{\ }}{m}\mp\left(\dfrac{m-1}{m}\right)a^2\int\dfrac{x^{m-2}\,dx}{\sqrt{\ }}$
30b	$\dfrac{x}{\sqrt{(a^2-x^2)^3}}$	$\dfrac{1}{\sqrt{a^2-x^2}}$	$\arcsin\dfrac{x}{a}$
31b	$\dfrac{-x}{\sqrt{(x^2\pm a^2)^3}}$	$\dfrac{1}{\sqrt{x^2\pm a^2}}$	$\ln(x+\sqrt{x^2\pm a^2})$
32b	$\dfrac{a^2}{\sqrt{(a^2-x^2)^3}}$	$\dfrac{x}{\sqrt{a^2-x^2}}$	$-\sqrt{a^2-x^2}$
33b	$\dfrac{\pm a^2}{\sqrt{(x^2\pm a^2)^3}}$	$\dfrac{x}{\sqrt{x^2\pm a^2}}$	$\sqrt{x^2\pm a^2}$
34b	$\dfrac{2a^2x-x^3}{\sqrt{(a^2-x^2)^3}}$	$\dfrac{x^2}{\sqrt{a^2-x^2}}$	$-\dfrac{x}{2}\sqrt{\ }+\dfrac{a^2}{2}\arcsin\dfrac{x}{a}$

Nr.	$\dfrac{dy}{dx}$	y	$\int y\,dx$
35b	$\dfrac{x^3 \pm 2a^2 x}{\sqrt{(x^2 \pm a^2)^3}}$	$\dfrac{x^2}{\sqrt{x^2 \pm a^2}}$	$\dfrac{x}{2}\sqrt{} \mp \dfrac{a^2}{2}\ln(x+\sqrt{})$
36b	$\dfrac{(m+1)x^{1-m} - a^2 m x^{-1-m}}{\sqrt{(a^2-x^2)^3}}$	$\dfrac{1}{x^m \sqrt{a^2-x^2}}$	$\dfrac{-\sqrt{}}{(m-1)a^2 x^{m-1}} + \dfrac{m-2}{(m-1)a^2}\int \dfrac{dx}{x^{m-2}\sqrt{}}$
37b	$[(-m-1)x^{1-m} \mp a^2 m x^{-1-m}] : \sqrt{(x^2 \pm a^2)^3}$	$\dfrac{1}{x^m \sqrt{x^2 \pm a^2}}$	$\dfrac{\mp \sqrt{}}{(m-1)a^2 x^{m-1}} \mp \dfrac{m-2}{(m-1)a^2}\int \dfrac{dx}{x^{m-2}\sqrt{}}$
38b	$\dfrac{2x^2 - a^2}{x^2 \sqrt{(a^2-x^2)^3}}$	$\dfrac{1}{x\sqrt{a^2-x^2}}$	$-\dfrac{1}{a}\ln\left(\dfrac{a+\sqrt{a^2-x^2}}{x}\right)$
39b	$\dfrac{-a^2 - 2x^2}{x^2 \sqrt{(x^2+a^2)^3}}$	$\dfrac{1}{x\sqrt{x^2+a^2}}$	$-\dfrac{1}{a}\ln\left(\dfrac{a+\sqrt{x^2+a^2}}{x}\right)$
40b	$\dfrac{a^2 - 2x^2}{x^2 \sqrt{(x^2-a^2)^3}}$	$\dfrac{1}{x\sqrt{x^2-a^2}}$	$-\dfrac{1}{a}\arcsin\dfrac{a}{x}$
41b	$\dfrac{3x^2 - 2a^2}{x^3 \sqrt{(a^2-x^2)^3}}$	$\dfrac{1}{x^2 \sqrt{a^2-x^2}}$	$-\dfrac{\sqrt{a^2-x^2}}{a^2 x}$
42b	$\dfrac{-3x^2 \pm 2a^2}{x^3 \sqrt{(x^2 \pm a^2)^3}}$	$\dfrac{1}{x^2 \sqrt{x^2 \pm a^2}}$	$\mp \dfrac{\sqrt{x^2 \pm a^2}}{a^2 x}$
43b	$\dfrac{(m-1)x^2 - a^2 m}{x^{m+1}\sqrt{a^2-x^2}}$	$\dfrac{\sqrt{a^2-x^2}}{x^m}$	$-\dfrac{\sqrt{}}{(m-1)x^{m-1}} - \dfrac{1}{m-1}\int \dfrac{dx}{x^{m-2}\sqrt{}}$
44b	$\dfrac{x^2(1-m) \mp a^2 m}{x^{m+1}\sqrt{x^2 \pm a^2}}$	$\dfrac{\sqrt{x^2 \pm a^2}}{x^m}$	$\dfrac{-\sqrt{}}{(m-1)x^{m-1}} + \dfrac{1}{m-1}\int \dfrac{dx}{x^{m-2}\sqrt{}}$
45b	$\dfrac{-a^2}{x^2 \sqrt{a^2-x^2}}$	$\dfrac{\sqrt{a^2-x^2}}{x}$	$-a\ln\left(\dfrac{a+\sqrt{}}{x}\right) + \sqrt{}$
46b	$\dfrac{-a^2}{x^2 \sqrt{x^2+a^2}}$	$\dfrac{\sqrt{x^2+a^2}}{x}$	$-a\ln\left(\dfrac{a+\sqrt{}}{x}\right) + \sqrt{}$

Nr.	$\dfrac{dy}{dx}$	y	$\int y\,dx$
47 b	$\dfrac{a^2}{x^3\sqrt{x^2-a^2}}$	$\dfrac{\sqrt{x^2-a^2}}{x}$	$a\cdot\arcsin\dfrac{a}{x}+\sqrt{\ }$
48 b	$\dfrac{x^2-2a^2}{x^3\sqrt{a^2-x^2}}$	$\dfrac{\sqrt{a^2-x^2}}{x^2}$	$-\dfrac{\sqrt{\ }}{x}-\arcsin\dfrac{x}{a}$
49 b	$\dfrac{-x^2\mp 2a^2}{x^3\sqrt{x^2\pm a^2}}$	$\dfrac{\sqrt{x^2\pm a^2}}{x^2}$	$-\dfrac{\sqrt{\ }}{x}+\ln(x+\sqrt{\ })$
50 b	$\dfrac{a}{\sqrt{(a+bx^2)^3}}$	$\dfrac{x}{\sqrt{a+bx^2}}$	$\dfrac{1}{b}\sqrt{a+bx^2}$
51 b	$\dfrac{x(2a+bx^2)}{\sqrt{(a+bx^2)^3}}$	$\dfrac{x^2}{\sqrt{a+bx^2}}$	$\dfrac{x}{2b}\sqrt{\ }-\dfrac{a}{2b\sqrt{b}}\ln(bx+\sqrt{b}\sqrt{\ })$
52 b	$\dfrac{x^2(3a+2bx^2)}{\sqrt{(a+bx^2)^3}}$	$\dfrac{x^3}{\sqrt{a+bx^2}}$	$\left(\dfrac{x^2}{3b}-\dfrac{2a}{3b^2}\right)\sqrt{\ }$
53 b	$-\dfrac{4x+1}{\sqrt{(x^2-1)^3}}$	$\dfrac{x+4}{\sqrt{x^2-1}}$	$\sqrt{\ }+4\ln(x+\sqrt{\ })$
54 b	$-\dfrac{x+1}{\sqrt{(x^2+2x)^3}}$	$\dfrac{1}{\sqrt{x^2+2x}}$	$\ln(x+1+\sqrt{\ })$
55 b	$-\dfrac{9}{\sqrt{(x^2+4x-5)^3}}$	$\dfrac{x+2}{\sqrt{x^2+4x-5}}$	$\sqrt{x^2+4x-5}$
56 b	$\dfrac{1-2x}{(1+x)\sqrt{(1-x^2)^3}}$	$\dfrac{-1}{(1+x)\sqrt{1-x^2}}$	$\sqrt{\dfrac{1-x}{1+x}}$
57 b	$\dfrac{\mp 1}{2\sqrt{(1\pm x)^3}}$	$\dfrac{1}{\sqrt{1\pm x}}$	$\pm 2\sqrt{1\pm x}$
58 b	$\dfrac{-1}{2\sqrt{(x-1)^3}}$	$\dfrac{1}{\sqrt{x-1}}$	$2\sqrt{x-1}$
59 b	$\dfrac{2\pm x}{2\sqrt{(1\pm x)^3}}$	$\dfrac{x}{\sqrt{1\pm x}}$	$\dfrac{2}{3}(\pm x-2)\sqrt{1\pm x}$
60 b	$\dfrac{x-2}{2\sqrt{(x-1)^3}}$	$\dfrac{x}{\sqrt{x-1}}$	$\dfrac{2}{3}(x+2)\sqrt{x-1}$

Nr.	$\dfrac{dy}{dx}$	y	$\int y\,dx$
61b	$-\dfrac{3x+1}{2(1+x)^2 x\sqrt{x}}$	$\dfrac{1}{(1+x)\sqrt{x}}$	$2\operatorname{arc\,tg}\sqrt{x}$
62b	$\dfrac{a(3\sqrt{x}-a)}{2x\sqrt{x}(a-\sqrt{x})^3}$	$\dfrac{a}{\sqrt{x}\,(a-\sqrt{x})^2}$	$\dfrac{2a}{a-\sqrt{x}}$
63b	$\dfrac{3a^3}{8\sqrt{(ax+b)^5}}$	$-\dfrac{a^2}{4\sqrt{(ax+b)^3}}$	$\dfrac{a}{2\sqrt{ax+b}}$
64b	$\dfrac{1}{(1-\sqrt{x})^2\sqrt{x}}$	$\dfrac{1+\sqrt{x}}{1-\sqrt{x}}$	$-x-4\sqrt{x}-4\ln(1-\sqrt{x})$
65b	$-\dfrac{x+2}{x^2\sqrt{x+1}}$	$\dfrac{\sqrt{x+1}}{x}$	$2\sqrt{x+1}+\ln\left(\dfrac{\sqrt{x+1}-1}{\sqrt{x+1}+1}\right)$
66b	$-\dfrac{1}{(1+x)\sqrt{1-x^2}}$	$\dfrac{\sqrt{1-x}}{\sqrt{1+x}}$	$\sqrt{1-x^2}+\arcsin x$
67b	$-\dfrac{2a+bx}{2x^2\sqrt{a+bx}}$	$\dfrac{\sqrt{a+bx}}{x}$	$2\sqrt{\;}+\sqrt{a}\ln\left(\dfrac{\sqrt{\;}-\sqrt{a}}{\sqrt{\;}+\sqrt{a}}\right)$
68b	$\dfrac{2a-x}{2\sqrt{(a-x)^3}}$	$\dfrac{x}{\sqrt{a-x}}$	$-\dfrac{2}{3}(x+2a)\sqrt{\;}$
69b	$\dfrac{2a+bx}{2\sqrt{(a+bx)^3}}$	$\dfrac{x}{\sqrt{a+bx}}$	$\dfrac{2}{3b^2}(bx-2a)\sqrt{\;}$
70b	$\dfrac{2bx^2-a}{x^2\sqrt{(a-bx^2)^3}}$	$\dfrac{1}{x\sqrt{a-bx^2}}$	$\dfrac{1}{\sqrt{a}}\ln\left(\dfrac{\sqrt{a}-\sqrt{\;}}{x}\right)$
71b	$\dfrac{4x^2-3a^2}{x^4\sqrt{(a^2-x^2)^3}}$	$\dfrac{1}{x^3\sqrt{a^2-x^2}}$	$-\dfrac{1}{2a^2}\cdot\left[\dfrac{\sqrt{\;}}{x^2}+\dfrac{1}{a}\ln\left(\dfrac{a+\sqrt{\;}}{x}\right)\right]$
72b	$\dfrac{3a-2x}{3\sqrt[3]{(a-x)^4}}$	$\dfrac{x}{\sqrt[3]{a-x}}$	$-\dfrac{3}{10}(2x+3a)\sqrt[3]{(a-x)^2}$
73b	$\dfrac{5a+4bx}{5\sqrt[5]{(a+bx)^6}}$	$\dfrac{x}{\sqrt[5]{a+bx}}$	$\dfrac{5}{36b^2}(4bx-5a)\sqrt[5]{(a+bx)^4}$

Nr.	$\dfrac{dy}{dx}$	y	$\int y\,dx$
74b	$\dfrac{2x^2-3a^2}{x^4\sqrt{a^2-x^2}}$	$\dfrac{\sqrt{a^2-x^2}}{x^3}$	$\cdot\dfrac{1}{2}\left[\dfrac{1}{a}\ln\left(\dfrac{a+\sqrt{\ }}{x}\right)-\dfrac{\sqrt{\ }}{x^2}\right]$
75b	$-\dfrac{3x^2+4a^2}{x^5\sqrt{x^2+a^2}}$	$\dfrac{\sqrt{x^2+a^2}}{x^4}$	$-\dfrac{\sqrt{(x^2+a^2)^3}}{3a^2x^3}$
76b	$-\dfrac{b+cx}{\sqrt{(a+2bx+cx^2)^3}}$	$\dfrac{1}{\sqrt{a+2bx+cx^2}}$	$\dfrac{1}{\sqrt{c}}\ln(b+cx+\sqrt{c}\sqrt{\ })$, wenn $c>0$; $\dfrac{1}{\sqrt{c}}\operatorname{\mathfrak{Ar\,Sin}}\left(\dfrac{b+cx}{\sqrt{ac-b^2}}\right)$, wenn $ac-b^2>0$; $\dfrac{1}{\sqrt{c}}\operatorname{\mathfrak{Ar\,Cof}}\left(\dfrac{b+cx}{\sqrt{b^2-ac}}\right)$, wenn $b^2-ac>0$; $\dfrac{-1}{\sqrt{-c}}\arcsin\left(\dfrac{b+cx}{\sqrt{b^2-ac}}\right)$, wenn $c<0$
77b	$\dfrac{\beta(a+bx)-\alpha(b+cx)}{\sqrt{(a+2bx+cx^2)^3}}$	$\dfrac{\alpha+\beta x}{\sqrt{a+2bx+cx^2}}$	$\dfrac{\beta}{c}\sqrt{\ }+\dfrac{\alpha c-\beta b}{c}\int\dfrac{dx}{\sqrt{\ }}$
78b	$[mx^{m-1}(a+2bx+cx^2)-x^m(b+cx)]:\sqrt{(a+2bx+cx^2)^3}$	$\dfrac{x^m}{\sqrt{a+2bx+cx^2}}$	$\dfrac{x^{m-1}\sqrt{\ }}{mc}-\dfrac{(m-1)a}{mc}\cdot\int\dfrac{x^{m-2}dx}{\sqrt{\ }}-\dfrac{(2m-1)b}{mc}\int\dfrac{x^{m-1}dx}{\sqrt{\ }}$
79b	$[2(B+Cx)(a+2bx+cx^2)-(A+2Bx+Cx^2)(b+cx)]:\sqrt{(a+2bx+cx^2)^3}$	$\dfrac{A+2Bx+Cx^2}{\sqrt{a+2bx+cx^2}}$	$\dfrac{1}{2}\left(\dfrac{Cx}{c}+\dfrac{4Bc-3Cb}{c^2}\right)\sqrt{\ }+\left(A-\dfrac{Cac+4Bbc-3Cb^2}{2c^2}\right)\cdot\int\dfrac{dx}{\sqrt{\ }}$
80.b	$\dfrac{8x^3+36x^2+67x+34}{\sqrt{(2x^2+6x+7)^3}}$	$\dfrac{4x^2+7x+5}{\sqrt{2x^2+6x+7}}$	$(x-1)\sqrt{\ }+\dfrac{1}{\sqrt{2}}\ln(3+2x+\sqrt{2}\sqrt{\ })$
81b	$\dfrac{x+2}{2\sqrt{(x^2+x+1)^3}}$	$\dfrac{x}{\sqrt{x^2+x+1}}$	$\sqrt{\ }-\dfrac{1}{2}\ln\left(x+\dfrac{1}{2}+\sqrt{\ }\right)$
82b	$-\dfrac{1+2x}{2\sqrt{(1+x+x^2)^3}}$	$\dfrac{1}{\sqrt{1+x+x^2}}$	$\ln\left(\dfrac{1}{2}+x+\sqrt{\ }\right)$

Nr.	$\dfrac{dy}{dx}$	y	$\int y\,dx$
83b	$\dfrac{3(1+2x)-2x^2(3+4x)}{\sqrt{(1-2x-4x^2)^3}}$	$\dfrac{1+2x+2x^2}{\sqrt{1-2x-4x^2}}$	$-\left(\dfrac{x}{4}+\dfrac{5}{16}\right)\sqrt{\,}+\dfrac{15}{16}\int\dfrac{dx}{\sqrt{\,}}$
84b	$\dfrac{4x+1}{\sqrt{(1-2x-4x^2)^3}}$	$\dfrac{1}{\sqrt{1-2x-4x^2}}$	$\dfrac{1}{2}\arcsin\left(\dfrac{1+4x}{\sqrt{5}}\right)$
85b	$\dfrac{5x-4}{\sqrt{(7+8x-5x^2)^3}}$	$\dfrac{1}{\sqrt{7+8x-5x^2}}$	$\dfrac{1}{\sqrt{5}}\arcsin\left(\dfrac{5x-4}{\sqrt{51}}\right)$
86b	$-\dfrac{x+1}{\sqrt{(x^2+2x-3)^3}}$	$\dfrac{1}{\sqrt{x^2+2x-3}}$	$\ln(1+x+\sqrt{\,})$
87b	$-\dfrac{bx}{\sqrt{(a+bx^2)^3}}$	$\dfrac{1}{\sqrt{a+bx^2}}$	$\dfrac{1}{\sqrt{b}}\ln(bx+\sqrt{b}\sqrt{\,})$
88b	$\dfrac{bx}{\sqrt{(a-bx^2)^3}}$	$\dfrac{1}{\sqrt{a-bx^2}}$	$\dfrac{1}{\sqrt{b}}\arcsin\left(x\sqrt{\dfrac{b}{a}}\right)$
89b	$-\dfrac{b+cx}{\sqrt{(2bx+cx^2)^3}}$	$\dfrac{1}{\sqrt{2bx+cx^2}}$	$\dfrac{1}{\sqrt{c}}\ln(b+cx+\sqrt{c}\sqrt{\,})$
90b	$-\dfrac{b-cx}{\sqrt{(2bx-cx^2)^3}}$	$\dfrac{1}{\sqrt{2bx-cx^2}}$	$\dfrac{1}{\sqrt{c}}\arcsin\left(\dfrac{cx-b}{b}\right)$
91b	$\dfrac{8x-3}{2\sqrt{(2+3x-4x^2)^3}}$	$\dfrac{1}{\sqrt{2+3x-4x^2}}$	$\dfrac{1}{2}\arcsin\left(\dfrac{4x-3}{\sqrt{17}}\right)$
92b	$\dfrac{n(x^2-a^2)+x(x-b)}{(x-b)^{n+1}\sqrt{(a^2-x^2)^3}}$	$\dfrac{1}{(x-b)^n\sqrt{a^2-x^2}}$ $z=\dfrac{bx-a^2}{x-b}$	$\dfrac{-1}{(b^2-a^2)^{n-1}\sqrt{a^2-b^2}}\cdot$ $\cdot\displaystyle\int\dfrac{(z-b)^{n-1}dz}{\sqrt{z^2-a^2}}$
93b	$\dfrac{-n(x^2+a^2)-x(x-b)}{(x-b)^{n+1}\sqrt{(x^2+a^2)^3}}$	$\dfrac{1}{(x-b)^n\sqrt{x^2+a^2}}$ $z=\dfrac{bx+a^2}{x-b}$	$\dfrac{-1}{(b^2-a^2)^{n-1}\sqrt{b^2+a^2}}\cdot$ $\cdot\displaystyle\int\dfrac{(z-b)^{n-1}dz}{\sqrt{z^2+a^2}}$
94b	$\dfrac{-n(x^2-a^2)-x(x-b)}{(x-b)^{n+1}\sqrt{(x^2-a^2)^3}}$	$\dfrac{1}{(x-b)^n\sqrt{x^2-a^2}}$ $z=\dfrac{bx-a^2}{x-b}$	$\dfrac{-1}{(b^2-a^2)^{n-1}\sqrt{a^2-b^2}}\cdot$ $\cdot\displaystyle\int\dfrac{(z-b)^{n-1}dz}{\sqrt{a^2-z^2}}$

Nr.	$\dfrac{dy}{dx}$	y	$\int y\,dx$
95b	$\dfrac{a^2+bx-2x^2}{(x-b)^2\sqrt{(x^2-a^2)^3}}$	$\dfrac{1}{(x-b)\sqrt{x^2-a^2}}$	$\dfrac{-1}{\sqrt{a^2-b^2}}\arcsin\left(\dfrac{bx-a^2}{ax-ab}\right)$
96b	$-\dfrac{2x^2-8x+5}{(x-2)^2\sqrt{(x^2-4x+1)^3}}$	$\dfrac{1}{(x-2)\sqrt{x^2-4x+1}}$	$-\dfrac{1}{\sqrt{3}}\arcsin\left(\dfrac{\sqrt{3}}{x-2}\right)$
97b	$-\dfrac{x(3x^2+1)}{(x^2-1)^2\sqrt{(x^2+1)^3}}$	$\dfrac{1}{(x^2-1)\sqrt{x^2+1}}$	$\dfrac{1}{2\sqrt{2}}\cdot\ln\left(\dfrac{x\sqrt{2}-\sqrt{1+x^2}}{x\sqrt{2}+\sqrt{1+x^2}}\right)$
98b	$-\dfrac{2x^2-7x+4}{(x-1)^2\sqrt{(x^2-4x+2)^3}}$	$\dfrac{1}{(x-1)\sqrt{x^2-4x+2}}$	$-\dfrac{1}{\sqrt{5}}\arcsin\left(\dfrac{x+4}{(x-1)\sqrt{6}}\right)$
99b	$-\dfrac{4x^2+3x-2}{2x^2\sqrt{(x^2+x-1)^3}}$	$\dfrac{1}{x\sqrt{x^2+x-1}}$	$\arcsin\left(\dfrac{x-2}{x\sqrt{5}}\right)$
100b	$-\dfrac{2x^2+9x+6}{(x+3)^2\sqrt{(x^2+4x)^3}}$	$\dfrac{1}{(x+3)\sqrt{x^2+4x}}$	$-\dfrac{1}{\sqrt{3}}\arcsin\left[\dfrac{-x-6}{2(x+3)}\right]$
101b	$-\dfrac{2+3x-4x^2}{2x^2\sqrt{(1+x-x^2)^3}}$	$\dfrac{1}{x\sqrt{1+x-x^2}}$	$-\ln\left(\dfrac{x+2+2\sqrt{\ }}{2x}\right)$
102b	$-\dfrac{3x^2-16x+15}{(x-1)^3\sqrt{(6-6x+x^2)^3}}$	$\dfrac{1}{(x-1)^2\sqrt{6-6x+x^2}}$	$-\dfrac{1}{x-1}\cdot\sqrt{\ }-$ $-2\ln\left(\dfrac{3-2x+\sqrt{\ }}{x-1}\right)$
103b	$-\dfrac{a+3bx+2cx^2}{x^2\sqrt{(a+2bx+cx^2)^3}}$	$\dfrac{1}{x\sqrt{a+2bx+cx^2}}$ $c>0$	$-\dfrac{1}{\sqrt{a}}\ln\left(b+\dfrac{a}{x}+\dfrac{\sqrt{a}}{x}\sqrt{\ }\right)$
104b	$-\dfrac{3cx^2+5bx+2a}{x^3\sqrt{(a+2bx+cx^2)^3}}$	$\dfrac{1}{x^2\sqrt{a+2bx+cx^2}}$	$-\dfrac{\sqrt{\ }}{ax}-\dfrac{b}{a}\int\dfrac{dx}{x\sqrt{\ }}$
105b	$\dfrac{8x^2+14x-3}{x^4\sqrt{(1-4x-2x^2)^3}}$	$\dfrac{1}{x^3\sqrt{1-4x-2x^2}}$	$-\left(\dfrac{1}{2x^2}+\dfrac{3}{x}\right)\sqrt{\ }+$ $+7\ln\left(\dfrac{1-2x-\sqrt{\ }}{x}\right)$
106b	$\dfrac{180-15x-3x^2-2x^3}{x^3\sqrt{(x^2+6x+45)^3}}$	$\dfrac{x-2}{x^2\sqrt{x^2+6x+45}}$	$\dfrac{2\sqrt{\ }}{45x}-\dfrac{17}{45\sqrt{5}}\cdot$ $\cdot\ln\left(\dfrac{3x+45+3\sqrt{5}\sqrt{\ }}{x}\right)$

Nr.	$\dfrac{dy}{dx}$	y	$\int y\,dx$
107b	$-\dfrac{4x^2+1}{x^2\sqrt{(x^2+1)^5}}$	$\dfrac{1}{x\sqrt{(x^2+1)^3}}$	$\dfrac{1}{\sqrt{x^2+1}}+\ln\sqrt{\dfrac{\sqrt{x^2+1}-1}{\sqrt{x^2+1}+1}}$
108b	$\dfrac{4x^2-1}{x^2\sqrt{(1-x^2)^5}}$	$\dfrac{1}{x\sqrt{(1-x^2)^3}}$	$\dfrac{1}{\sqrt{1-x^2}}+\ln\left(\dfrac{1-\sqrt{1-x^2}}{x}\right)$
109b	$\dfrac{1-4x^2}{x^2\sqrt{(x^2-1)^5}}$	$\dfrac{1}{x\sqrt{(x^2-1)^3}}$	$-\dfrac{1}{\sqrt{x^2-1}}-\arccos\dfrac{1}{x}$
110b	$\dfrac{3a^2(a^2-4x^2)}{\sqrt{(a^2+x^2)^7}}$	$\dfrac{3a^2x}{\sqrt{(a^2+x^2)^5}}$	$-\dfrac{a^2}{\sqrt{(a^2+x^2)^3}}$
111b	$\dfrac{a(aPx-2bP-3aQ)}{8\sqrt{(ax+b)^5}}$	$\dfrac{P(ax+2b)-aQ}{2\sqrt{(ax+b)^3}}$	$\dfrac{Px+Q}{\sqrt{ax+b}}$
112b	$\dfrac{a^2+2x^2}{\sqrt{(a^2-x^2)^5}}$	$\dfrac{x}{\sqrt{(a^2-x^2)^3}}$	$\dfrac{1}{\sqrt{a^2-x^2}}$
113b	$\dfrac{\pm a^2-2x^2}{\sqrt{(x^2\pm a^2)^5}}$	$\dfrac{x}{\sqrt{(x^2\pm a^2)^3}}$	$-\dfrac{1}{\sqrt{x^2\pm a^2}}$
114b	$\dfrac{a^2(2a^2+x^2)}{\sqrt{(a^2-x^2)^5}}$	$\dfrac{2a^2x-x^3}{\sqrt{(a^2-x^2)^3}}$	$\dfrac{x^2}{\sqrt{a^2-x^2}}$
115b		$\dfrac{1}{(x^2-4)\sqrt{}}$	$\dfrac{1}{4}\int\dfrac{dx}{(x-2)\sqrt{}}-\dfrac{1}{4}\int\dfrac{dx}{(x+2)\sqrt{}}$
116b		$\dfrac{x+2}{(x-3)^2\sqrt{}}$	$5\int\dfrac{dx}{(x-3)^2\sqrt{}}+\int\dfrac{dx}{(x-3)\sqrt{}}$
117b	$[\beta(a+2bx+cx^2)-3(\alpha+\beta x)(b+cx)]:m^5$	$\dfrac{\alpha+\beta x}{\sqrt{(a+2bx+cx^2)^3}}$ $\sqrt{a+2bx+cx^2}=m$	$\dfrac{(a\beta-b\alpha)+(b\beta-c\alpha)x}{(b^2-ac)m}$
118b	$\dfrac{x+\sqrt{}(\sqrt{}-1)}{(3-x^2-2\sqrt{})\sqrt{}}$	$\dfrac{\sqrt{2-x^2}+x}{\sqrt{2-x^2}-1}$	$x-\sqrt{}+\arcsin\dfrac{x}{\sqrt{2}}-\ln(x-2+\sqrt{})$

Nr.	$\frac{dy}{dx}$	y	$\int y\,dx$
119b	$\dfrac{1}{2\sqrt{x}(1-\sqrt{x})^2}$	$\dfrac{\sqrt{x}}{1-\sqrt{x}}$	$-x-2\sqrt{x}-2\ln(1-\sqrt{x})$
120b	$\dfrac{1}{2\sqrt{x}(1+\sqrt{x})^2}$	$\dfrac{\sqrt{x}}{1+\sqrt{x}}$	$x-2\sqrt{x}+2\ln(1+\sqrt{x})$
121b	$-\dfrac{1}{2x\sqrt{x}}$	$\dfrac{1+\sqrt{x}}{\sqrt{x}}$	$x+2\sqrt{x}$
122b	$-\dfrac{1}{2x\sqrt{x}}$	$\dfrac{1-\sqrt{x}}{\sqrt{x}}$	$2\sqrt{x}-x$
123b	$\dfrac{1}{(1-x)\sqrt{1-x^2}}$	$\dfrac{\sqrt{1+x}}{\sqrt{1-x}}$	$\arcsin x - \sqrt{1-x^2}$
124b	$\dfrac{2-3x}{2\sqrt{1-x}}$	$x\sqrt{1-x}$	$-\dfrac{2}{3}x\sqrt{(1-x)^3} - \dfrac{4}{15}\sqrt{(1-x)^5}$
125b	$\dfrac{3x-2}{2\sqrt{x-1}}$	$x\sqrt{x-1}$	$\dfrac{2}{3}x\sqrt{(x-1)^3} - \dfrac{4}{15}\sqrt{(x-1)^5}$
126b	$\dfrac{x(5x+4)}{2\sqrt{1+x}}$	$x^2\sqrt{1+x}$	$\dfrac{2x^2}{3}\sqrt{(1+x)^3} - \dfrac{8x}{15}\sqrt{(1+x)^5} + \dfrac{16}{105}\sqrt{(1+x)^7}$
127b	$\dfrac{x(4-5x)}{2\sqrt{1-x}}$	$x^2\sqrt{1-x}$	$-\dfrac{2x^2}{3}\sqrt{(1-x)^3} - \dfrac{8x}{15}\sqrt{(1-x)^5} - \dfrac{16}{105}\sqrt{(1-x)^7}$

Nr.	$\dfrac{dy}{dx}$	y	$\int y\,dx$
128b	$\dfrac{x(5x-4)}{2\sqrt{x-1}}$	$x^2\sqrt{x-1}$	$\dfrac{2x^2}{3}\sqrt{(x-1)^3} -$ $- \dfrac{8x}{15}\sqrt{(x-1)^5} +$ $+ \dfrac{16}{105}\sqrt{(x-1)^7}$
129b	$\dfrac{2x^2+1}{x^2\sqrt{(x^2+1)^3}}$	$\dfrac{1}{x\sqrt{x^2+1}}$	$\ln\sqrt{\dfrac{\sqrt{x^2+1}-1}{\sqrt{x^2+1}+1}}$
130b	$\dfrac{\sqrt{x+a}-\sqrt{x-a}}{4\left(a^2+a\sqrt{x^2-a^2}-x^2\right)}$	$\dfrac{1}{\sqrt{x+a}-\sqrt{x-a}}$	$\dfrac{1}{3a}\left[(x+a)^{\frac{3}{2}}+(x-a)^{\frac{3}{2}}\right]$

Nr.	$\dfrac{dy}{dx}$	y	$\int y\,dx$

B. Transzendente Funktionen.

c) Exponential- und Logarithmusfunktionen.

Nr.	$\dfrac{dy}{dx}$	y	$\int y\,dx$
1c	e^x	e^x	e^x
2c	$a^x \ln a$	a^x	$\dfrac{a^x}{\ln a}$
3c	$a e^{ax}$	e^{ax}	$\dfrac{e^{ax}}{a}$
4c	$e^x(1+x)$	$x e^x$	$e^x(x-1)$
5c	$e^x(2x+x^2)$	$x^2 e^x$	$e^x(x^2-2x+2)$
6c	$-\dfrac{e^x}{(1+e^x)^2}$	$\dfrac{1}{1+e^x}$	$x-\ln(1+e^x)$
7c	$\dfrac{e^{-x}-e^x}{(e^x+e^{-x})^2}$	$\dfrac{1}{e^x+e^{-x}}$	$\operatorname{arc\,tg} e^x$
8c	$-\dfrac{mb e^{mx}}{(a+b e^{mx})^2}$	$\dfrac{1}{a+b e^{mx}}$	$\dfrac{1}{am}[mx-\ln(a+b e^{mx})]$
9c	$a^3 e^{ax}$	$a^2 e^{ax}$	$a e^{ax}$
10c	$e^{x^2}(2x^2+1)$	$e^{x^2} x$	$\dfrac{1}{2} e^{x^2}$
11c	$e^x(x^2-1)$	$(x-1)^2 e^x$	$e^x(x^2-4x+5)$
12c	$-\dfrac{a^x \ln a}{(a^x-1)^2}$	$\dfrac{a^x}{a^x-1}$	$\dfrac{1}{\ln a}\ln(e^{x\ln a}-1)$
13c	$-\dfrac{(a^{2x}-1) a^x \ln a}{(a^{2x}+1)^2}$	$\dfrac{1}{a^x+a^{-x}}$	$\dfrac{1}{\ln a}\operatorname{arc\,tg} a^x$
14c	$\dfrac{e^x(x-2)-1}{(e^x+x)^2}$	$\dfrac{e^x+1}{e^x+x}$	$\ln(e^x+x)$
15c	$\dfrac{-2 e^x}{(e^x-1)^2}$	$\dfrac{e^x+1}{e^x-1}$	$\ln(e^x-2+e^{-x})\cdot$
16c	$-\dfrac{e^x}{2\sqrt{(1+e^x)^3}}$	$\dfrac{1}{\sqrt{1+e^x}}$	$\ln\left(\dfrac{\sqrt{1+e^x}-1}{\sqrt{1+e^x}+1}\right)$
17c	$e^x(3+x)$	$e^x(2+x)$	$e^x(1+x)$

Nr.	$\dfrac{dy}{dx}$	y	$\int y\,dx$
18c	$\dfrac{C}{b(B-x)} \cdot e^{-\frac{C}{b}\ln\frac{B}{B-x}}$	$1 - e^{-\frac{C}{b}\ln\frac{B}{B-x}}$	$x + \dfrac{Bb}{C+b}\left(\dfrac{B-x}{B}\right)^{\frac{C+b}{b}}$
19c	$\dfrac{m(b - ae^{2mx})}{e^{mx}(ae^{mx} + be^{-mx})^2}$	$\dfrac{1}{ae^{mx} + be^{-mx}}$	$\dfrac{1}{m\sqrt{ab}}\operatorname{arc\,tg}\left(e^{mx}\sqrt{\dfrac{a}{b}}\right)$
20c	$\dfrac{e^x(1 - mx^{-1})}{x^m}$	$\dfrac{e^x}{x^m}$ *)	$-\dfrac{e^x}{(m-1)x^{m-1}} + \dfrac{1}{m-1}\int\dfrac{e^x\,dx}{x^{m-1}}$
21c	$\dfrac{e^x(x-2)}{x^3}$	$\dfrac{e^x}{x^2}$	$-\dfrac{e^x}{x} + \int\dfrac{e^x\,dx}{x}$
22c	$e^x(\sin x + \cos x)$	$e^x \sin x$	$\dfrac{1}{2}e^x(\sin x - \cos x)$
23c	$e^x(\cos x - \sin x)$	$e^x \cos x$	$\dfrac{1}{2}e^x(\sin x + \cos x)$
24c	$e^{ax}(a\sin bx + b\cos bx)$	$e^{ax}\sin bx$	$e^{ax}\left(\dfrac{a\sin bx - b\cos bx}{a^2 + b^2}\right)$
25c	$e^{ax}(a\cos bx - b\sin bx)$	$e^{ax}\cos bx$	$e^{ax}\left(\dfrac{a\cos bx + b\sin bx}{a^2 + b^2}\right)$
26c	$e^x(\cos e^x - e^x\sin e^x)$	$e^x \cos e^x$	$\sin e^x$
27c	$a^x(1 + x\ln a)$	$x\,a^x$	$\dfrac{a^x(x\ln a - 1)}{(\ln a)^2}$
28c	$x\,a^x(2 + x\ln a)$	$x^2 a^x$	$\dfrac{a^x}{(\ln a)^3}\cdot[(x\ln a)^2 - 2x\ln a + 2]$
29c	$\dfrac{1}{x^2}a^{\ln x}(\ln a - 1)$	$\dfrac{a^{\ln x}}{x}$	$\dfrac{a^{\ln x}}{\ln a}$
30c	$\dfrac{1}{x}$	$\ln x$	$x(\ln x - 1)$
31c	$\dfrac{1}{x}$	$\ln(ax)$	$x[\ln(ax) - 1]$
32c	$\dfrac{b}{a + bx}$	$\ln(a + bx)$	$\dfrac{1}{b}(a + bx)[\ln(a + bx) - 1]$

*) Für $m = 1$ kein Ergebnis!

Nr.	$\frac{dy}{dx}$	y	$\int y\,dx$
33c	$\ln x + 1$	$x \ln x$	$\frac{x^2}{2}\left(\ln x - \frac{1}{2}\right)$
34c	$\frac{-\ln x - 1}{(x \ln x)^2}$	$\frac{1}{x \ln x}$	$\ln(\ln x)$
35c	$\frac{1 - \ln x}{x^2}$	$\frac{\ln x}{x}$	$\frac{(\ln x)^2}{2}$
36c	$\frac{1}{x^2}[a(\ln x)^{a-1} - (\ln x)^a]$	$\frac{1}{x}(\ln x)^a$	$\frac{1}{a+1}(\ln x)^{a+1}$
37c	$x^{a-1}(a \ln x + 1)$	$x^a \ln x$	$\frac{x^{a+1}}{a+1}\left(\ln x - \frac{1}{a+1}\right)$
38c	$\frac{1 + x}{x}$	$\ln(a x e^x)$	$x\left[\ln(a x e^x) - \frac{x}{2} - 1\right]$
39c	$\frac{n}{x}$	$\ln(x^n)$	$x[\ln(x^n) - n]$
40c	$a^x (\ln a)^3$	$a^x (\ln a)^2$	$a^x \ln a$
41c	$a^x (\ln a)^2$	$a^x \ln a$	a^x
42c	$\frac{1 - a \ln x}{x^{a+1}}$	$\frac{\ln x}{x^a}$ *)	$-\frac{1}{(a-1)x^{a-1}} \cdot \left(\ln x + \frac{1}{a-1}\right)$
43c	$\frac{1 - \ln x \cdot \ln(\ln x)}{x^2 \ln x}$	$\frac{\ln(\ln x)}{x}$	$\ln x [\ln(\ln x) - 1]$
44c	$\frac{a + b x (1 - n \ln x)}{x(a + b x)^{n+1}}$	$\frac{\ln x}{(a + b x)^n}$ *)	$-\frac{\ln x}{b(n-1)(a+bx)^{n-1}} + \frac{1}{n-1}\int \frac{dx}{x(a+bx)^{n-1}}$
45c	$\frac{(\ln x)^n [n(\ln x)^{-1} - 1]}{x^2}$	$\frac{(\ln x)^n}{x}$	$\frac{(\ln x)^{n+1}}{n+1}$
46c	$\frac{2 \ln x}{x}$	$(\ln x)^2$	$x(\ln x)^2 - 2x \ln x + 2x$
47c	$\frac{\ln x (2 - \ln x) - 1}{x^2}$	$\frac{(\ln x)^2 + 1}{x}$	$\frac{1}{3}(\ln x)^3 + \ln x$

*) Für $a = 1$ in 42c und $n = 1$ in 44c kein Ergebnis!

Nr.	$\dfrac{dy}{dx}$	y	$\int y\,dx$
48c	$-\dfrac{\ln x + 2}{x^2(\ln x + 1)^2}$	$\dfrac{1}{x(\ln x + 1)}$	$\ln(\ln x + 1)$
49c	$\dfrac{m(\ln x)^{m-1}}{x}$	$\ln^m x$	$x\ln^m x - m\int \ln^{m-1} x\,dx$
50c	$\dfrac{\cos(\ln x)}{x}$	$\sin(\ln x)$	$\dfrac{x}{2}[\sin(\ln x) - \cos(\ln x)]$
51c	$-\dfrac{\sin(\ln x)}{x}$	$\cos(\ln x)$	$\dfrac{x}{2}[\sin(\ln x) + \cos(\ln x)]$
52c	$-\dfrac{1}{x^2}\cdot[\cos(\ln x) + \sin(\ln x)]$	$\dfrac{1}{x}\cos(\ln x)$	$\sin(\ln x)$
53c	$\dfrac{2\sin(\ln x)}{x^2}$	$-[\cos(\ln x) + \sin(\ln x)]:x$	$\cos(\ln x) - \sin(\ln x)$
54c	$b\,e^{a+bx}$	e^{a+bx}	$\dfrac{1}{b}e^{a+bx}$
55c	$-\dfrac{a\,e^x}{(e^x - a)^2}$	$\dfrac{e^x}{e^x - a}$	$\ln(e^x - a)$
56c	$-\dfrac{(\ln x)^2 + 2\ln x + 2}{x^2(\ln x)^3}$	$\dfrac{\ln x + 1}{x(\ln x)^2}$	$\ln(\ln x) - \dfrac{1}{\ln x}$
57c	$\dfrac{\ln x - 2}{x^2}$	$\dfrac{1 - \ln x}{x}$	$\ln x - \dfrac{(\ln x)^2}{2}$
58c	$\ln x + 2$	$x(\ln x + 1)$	$\dfrac{x^2}{4}(2\ln x + 1)$

Nr.	$\frac{dy}{dx}$	y	$\int y\,dx$

d) Trigonometrische Funktionen.

Nr.	$\dfrac{dy}{dx}$	y	$\int y\,dx$
1 d	$\cos x$	$\sin x$	$-\cos x$
2 d	$-\sin x$	$\cos x$	$\sin x$
3 d	$\dfrac{1}{\cos^2 x} = \sec^2 x$	$\operatorname{tg} x$	$-\ln \cos x$
4 d	$-\dfrac{1}{\sin^2 x}$	$\operatorname{ctg} x$	$\ln \sin x$
5 d	$\operatorname{tg} x \sec x$	$\sec x$	$\ln \operatorname{tg}\left(\dfrac{\pi}{4} + \dfrac{x}{2}\right)$
6 d	$a \cos a x$	$\sin a x$	$-\dfrac{1}{a} \cos a x$
7 d	$-a \sin a x$	$\cos a x$	$\dfrac{1}{a} \sin a x$
8 d	$\dfrac{a}{\cos^2 a x}$	$\operatorname{tg} a x$	$-\dfrac{1}{a} \ln \cos a x$
9 d	$-\dfrac{a}{\sin^2 a x}$	$\operatorname{ctg} a x$	$\dfrac{1}{a} \ln \sin a x$
10 d	$-\dfrac{\cos x}{\sin^2 x}$	$\dfrac{1}{\sin x}$	$\ln \operatorname{tg} \dfrac{x}{2}$
11 d	$\dfrac{\sin x}{\cos^2 x}$	$\dfrac{1}{\cos x}$	$\ln \operatorname{tg}\left(\dfrac{\pi}{4} + \dfrac{x}{2}\right)$
12 d	$\dfrac{\sin x}{(1+\cos x)^2}$	$\dfrac{1}{1+\cos x}$	$\operatorname{tg} \dfrac{x}{2}$
13 d	$-\dfrac{\sin x}{(1-\cos x)^2}$	$\dfrac{1}{1-\cos x}$	$-\operatorname{ctg} \dfrac{x}{2}$
14 d	$-\dfrac{\cos x}{(1+\sin x)^2}$	$\dfrac{1}{1+\sin x}$	$-\operatorname{tg}\left(\dfrac{\pi}{4} - \dfrac{x}{2}\right)$
15 d	$\dfrac{\cos x}{(1-\sin x)^2}$	$\dfrac{1}{1-\sin x}$	$\operatorname{ctg}\left(\dfrac{\pi}{4} - \dfrac{x}{2}\right)$

Nr.	$\dfrac{dy}{dx}$	y	$\int y\,dx$
16d	$\dfrac{\sin x}{(\cos x-1)^2}$	$\dfrac{1}{\cos x-1}$	$\operatorname{ctg}\dfrac{x}{2}$
17d	$-\dfrac{\cos x}{(\sin x-1)^2}$	$\dfrac{1}{\sin x-1}$	$-\operatorname{ctg}\left(\dfrac{\pi}{4}-\dfrac{x}{2}\right)$
18d	$\dfrac{\sin x-\cos x}{(\sin x+\cos x)^2}$	$\dfrac{1}{\sin x+\cos x}$	$\dfrac{1}{\sqrt{2}}\ln\operatorname{tg}\left(\dfrac{\pi}{8}+\dfrac{x}{2}\right)$
19d	$\dfrac{1+\cos x+x\sin x}{(1+\cos x)^2}$	$\dfrac{x}{1+\cos x}$	$x\operatorname{tg}\dfrac{x}{2}+2\ln\cos\dfrac{x}{2}$
20d	$\dfrac{1-\cos x-x\sin x}{(1-\cos x)^2}$	$\dfrac{x}{1-\cos x}$	$2\ln\sin\dfrac{x}{2}-x\operatorname{ctg}\dfrac{x}{2}$
21d	$\dfrac{1+\sin x-x\cos x}{(1+\sin x)^2}$	$\dfrac{x}{1+\sin x}$	$2\ln\cos\left(\dfrac{\pi}{4}-\dfrac{x}{2}\right)-$ $-x\operatorname{tg}\left(\dfrac{\pi}{4}-\dfrac{x}{2}\right)$
22d	$\dfrac{1-\sin x+x\cos x}{(1-\sin x)^2}$	$\dfrac{x}{1-\sin x}$	$2\ln\sin\left(\dfrac{\pi}{4}-\dfrac{x}{2}\right)+$ $+x\operatorname{ctg}\left(\dfrac{\pi}{4}-\dfrac{x}{2}\right)$
23d	$\dfrac{b\sin x}{(a+b\cos x)^2}$	$\dfrac{1}{a+b\cos x}$ $\sqrt{b^2-a^2}=m$	Für $a<b$ $\dfrac{1}{m}\cdot\ln\left(\dfrac{b+a\cos x+m\sin x}{a+b\cos x}\right)$
24d	$\dfrac{b\sin x}{(a+b\cos x)^2}$	$\dfrac{1}{a+b\cos x}$ $\sqrt{a^2-b^2}=m$	Für $a>b$ $\dfrac{2}{m}\cdot\operatorname{arctg}\left(\sqrt{\dfrac{a-b}{a+b}}\cdot\operatorname{tg}\dfrac{x}{2}\right)$
25d	$-\dfrac{b\cos x}{(a+b\sin x)^2}$	$\dfrac{1}{a+b\sin x}$ $\sqrt{b^2-a^2}=m$	Für $a<b$ $\dfrac{1}{m}\cdot\ln\left(\dfrac{b+a\sin x+m\cos x}{a+b\sin x}\right)$
26d	$-\dfrac{b\cos x}{(a+b\sin x)^2}$	$\dfrac{1}{a+b\sin x}$ $\sqrt{a^2-b^2}=m$	Für $a>b$ $\dfrac{2}{m}\operatorname{arctg}\left(\sqrt{\dfrac{a-b}{a+b}}\cdot\operatorname{ctg}\dfrac{x}{2}\right)$

Nr.	$\dfrac{dy}{dx}$	y	$\int y\,dx$
27 d	$\dfrac{\sin^2 x - \cos^2 x}{\sin^2 x \cos^2 x}$	$\dfrac{1}{\sin x \cos x}$	$\ln \operatorname{tg} x$
28 d	$\dfrac{2(1+\cos x) + x \sin x}{(1+\cos x)^2}$	$\dfrac{x + \sin x}{1 + \cos x}$	$x \operatorname{tg} \dfrac{x}{2}$
29 d	$b \cdot \cos(a + bx)$	$\sin(a + bx)$	$-\dfrac{1}{b} \cos(a + bx)$
30 d	$\dfrac{2b \cdot \sin(a + bx)}{\cos^3(a + bx)}$	$\dfrac{1}{\cos^2(a + bx)}$	$\dfrac{1}{b} \operatorname{tg}(a + bx)$
31 d	$-\dfrac{a \sin x + b}{(a + b \sin x)^2}$	$\dfrac{\cos x}{a + b \sin x}$	$\dfrac{1}{b} \ln(a + b \sin x)$
32 d	$\dfrac{\sin^2 x - \cos^2 x}{\sin^2 x \cos^2 x}$	$\operatorname{tg} x + \operatorname{ctg} x$	$\ln \operatorname{tg} x$
33 d	$(a + b)\cos(ax + bx)$	$\sin(ax + bx)$	$\dfrac{\cos(b-a)x - \cos(a-b)x}{2(a-b)} - \dfrac{\cos(a+b)x}{a+b}$
34 d	$-(a+b)\sin(ax+bx)$	$\cos(ax + bx)$	$\dfrac{\sin(a+b)x}{a+b}$
35 d	$a \cos ax \sin bx +$ $+ b \sin ax \cos bx$	$\sin ax \cdot \sin bx$	$\dfrac{\sin(a-b)x}{2(a-b)} - \dfrac{\sin(a+b)x}{2(a+b)}$
36 d	$-a \sin ax \cos bx -$ $- b \sin bx \cos ax$	$\cos ax \cdot \cos bx$	$\dfrac{\sin(a-b)x}{2(a-b)} + \dfrac{\sin(a+b)x}{2(a+b)}$
37 d	$a \cos ax \cos bx -$ $- b \sin bx \sin ax$	$\sin ax \cdot \cos bx$	$-\dfrac{\cos(a+b)x}{2(a+b)} - \dfrac{\cos(a-b)x}{2(a-b)}$
38 d	$a(\cos ax - ax \sin ax)$	$ax \cos ax$	$x \sin ax + \dfrac{1}{a} \cos ax$

Nr.	$\dfrac{dy}{dx}$	y	$\int y\,dx$
39d	$a(\sin ax + ax\cos ax)$	$ax\sin ax$	$\dfrac{1}{a}\sin ax - x\cos ax$
40d	$\dfrac{a(\cos ax + 2ax\sin ax)}{\cos^3 ax}$	$\dfrac{ax}{\cos^2 ax}$	$x\,\mathrm{tg}\,ax + \dfrac{1}{a}\ln\cos ax$
41d	$\dfrac{a(\sin ax - 2ax\cos ax)}{\sin^3 ax}$	$\dfrac{ax}{\sin^2 ax}$	$\dfrac{1}{a}\ln\sin ax - x\,\mathrm{ctg}\,ax$
42d	$\sin x + x\cos x$	$x\sin x$	$\sin x - x\cos x$
43d	$\cos x - x\sin x$	$x\cos x$	$x\sin x + \cos x$
44d	$\cos 2x - 2x\sin 2x$	$x\cos 2x$	$\dfrac{1}{4}(2x\sin 2x + \cos 2x)$
45d	$(\cos 2x \sin x - 2\sin 2x\cos x):\cos^2 x$	$\dfrac{\cos 2x}{\cos x}$	$2\sin x - \ln\mathrm{tg}\left(\dfrac{\pi}{4} + \dfrac{x}{2}\right)$
46d	$\sin 2x + 2x\cos 2x$	$x\sin 2x$	$\dfrac{x}{2}(2\sin^2 x - 1) + \dfrac{\sin 2x}{4}$
47d	$\sin x(1 - x^2) + 3x\cos x$	$x(\sin x + x\cos x)$	$\sin x(x^2 - 1) + x\cos x$
48d	$\cos x(1 - x^2) - 3x\sin x$	$x(\cos x - x\sin x)$	$\cos x(x^2 - 1) - x\sin x$
49d	$a(\sin 2ax + 2ax\cos 2ax)$	$ax\sin 2ax$	$-\dfrac{1}{2}\left(x\cos 2ax - \dfrac{1}{2a}\sin 2ax\right)$
50d	$\cos^2 x - \sin^2 x$	$\sin x\cos x$	$\dfrac{1}{2}\sin^2 x$
51d	$\dfrac{\sin x - x(\cos x - 2)}{(1 + \cos x)^2}$	$\dfrac{x\sin x}{(1 + \cos x)^2}$	$\dfrac{x}{1 + \cos x} - \mathrm{tg}\,\dfrac{x}{2}$
52d	$\dfrac{\sin x - x(\cos x + 2)}{(1 - \cos x)^2}$	$\dfrac{x\sin x}{(1 - \cos x)^2}$	$-\dfrac{x}{1 - \cos x} - \mathrm{ctg}\,\dfrac{x}{2}$
53d	$\dfrac{\cos x + x(\sin x - 2)}{(1 + \sin x)^2}$	$\dfrac{x\cos x}{(1 + \sin x)^2}$	$-\dfrac{x}{1 + \sin x} - \mathrm{tg}\left(\dfrac{\pi}{4} - \dfrac{x}{2}\right)$

Nr.	$\dfrac{dy}{dx}$	y	$\int y\,dx$
54 d	$\dfrac{\cos x + x(\sin x + 2)}{(1-\sin x)^2}$	$\dfrac{x\cos x}{(1-\sin x)^2}$	$\dfrac{x}{1-\sin x} - \operatorname{ctg}\left(\dfrac{\pi}{4} - \dfrac{x}{2}\right)$
55 d	$m\cos x \sin^{m-1} x$	$\sin^m x$	$-\dfrac{\sin^{m-1}x \cos x}{m} + \dfrac{m-1}{m}\int \sin^{m-2}x\,dx$
56 d	$-m\sin x \cos^{m-1} x$	$\cos^m x$	$\dfrac{\cos^{m-1}x \sin x}{m} + \dfrac{m-1}{m}\int \cos^{m-2}x\,dx$
57 d	$m\operatorname{tg}^{m-1}x \sec^2 x$	$\operatorname{tg}^m x$	$\dfrac{\operatorname{tg}^{m-1}x}{m-1} - \int \operatorname{tg}^{m-2}x\,dx$
58 d	$-\dfrac{1}{\sin^2 x}m\operatorname{ctg}^{m-1}x$	$\operatorname{ctg}^m x$	$-\dfrac{\operatorname{ctg}^{m-1}x}{m-1} - \int \operatorname{ctg}^{m-2}x\,dx$
59 d	$\sin 2x$	$\sin^2 x$	$\dfrac{x}{2} - \dfrac{\sin 2x}{4}$
60 d	$-\sin 2x$	$\cos^2 x$	$\dfrac{x}{2} + \dfrac{\sin 2x}{4}$
61 d	$2\operatorname{tg}x(1+\operatorname{tg}^2 x)$	$\operatorname{tg}^2 x$	$\operatorname{tg}x - x$
62 d	$-2\operatorname{ctg}x(1+\operatorname{ctg}^2 x)$	$\operatorname{ctg}^2 x$	$-\operatorname{ctg}x - x$
63 d	$a\sin 2ax$	$\sin^2 ax$	$\dfrac{x}{2} - \dfrac{1}{4a}\sin 2ax$
64 d	$-a\sin 2ax$	$\cos^2 ax$	$\dfrac{x}{2} + \dfrac{1}{4a}\sin 2ax$
65 d	$2a\operatorname{tg}ax(1+\operatorname{tg}^2 ax)$	$\operatorname{tg}^2 ax$	$\dfrac{1}{a}\operatorname{tg}ax - x$
66 d	$-2a\operatorname{ctg}ax(1+\operatorname{ctg}^2 ax)$	$\operatorname{ctg}^2 ax$	$-\dfrac{1}{a}\operatorname{ctg}ax - x$
67 d	$x(2\sin x + x\cos x)$	$x^2 \sin x$	$2\left[x\sin x + \cos x\left(1 - \dfrac{x^2}{2}\right)\right]$

Nr.	$\dfrac{dy}{dx}$	y	$\int y\,dx$
68 d	$x(2\cos x - x\sin x)$	$x^2\cos x$	$2\left[x\cos x - \sin x\left(1 - \dfrac{x^2}{2}\right)\right]$
69 d	$\dfrac{\sin x - 2x\cos x}{\sin^3 x}$	$\dfrac{x}{\sin^2 x}$	$\ln\sin x - x\,\operatorname{ctg} x$
70 d	$\dfrac{\cos x + 2x\sin x}{\cos^3 x}$	$\dfrac{x}{\cos^2 x}$	$x\,\operatorname{tg} x + \ln\cos x$
71 d	$\dfrac{\operatorname{tg} x - 2x(1+\operatorname{tg}^2 x)}{\operatorname{tg}^3 x}$	$\dfrac{x}{\operatorname{tg}^2 x}$	$\ln\sin x - x\,\operatorname{ctg} x - \dfrac{x^2}{2}$
72 d	$\dfrac{\operatorname{ctg} x + 2x(1+\operatorname{ctg}^2 x)}{\operatorname{ctg}^3 x}$	$\dfrac{x}{\operatorname{ctg}^2 x}$	$\ln\cos x + x\,\operatorname{tg} x - \dfrac{x^2}{2}$
73 d	$[\sin x\cos x - x(\cos^2 x + 1)] : \sin^3 x$	$\dfrac{x\cos x}{\sin^2 x}$	$\ln\operatorname{tg}\dfrac{x}{2} - \dfrac{x}{\sin x}$
74 d	$[\sin x\cos x + x(\sin^2 x + 1)] : \cos^3 x$	$\dfrac{x\sin x}{\cos^2 x}$	$\dfrac{x}{\cos x} - \ln\operatorname{tg}\left(\dfrac{\pi}{4} + \dfrac{x}{2}\right)$
75 d	$\dfrac{-2\cos 2x}{\sin^3 x\cos^3 x}$	$\dfrac{1}{\sin^2 x\cos^2 x}$	$\operatorname{tg} x - \operatorname{ctg} x$ oder $-2\operatorname{ctg} 2x$
76 d	$3\cos x\sin^2 x$	$\sin^3 x$	$-\dfrac{\cos x}{3}(\sin^2 x + 2)$
77 d	$-3\sin x\cos^2 x$	$\cos^3 x$	$\dfrac{\sin x}{3}(\cos^2 x + 2)$
78 d	$\dfrac{3\sin^2 x}{\cos^4 x}$	$\operatorname{tg}^3 x$	$\dfrac{1}{2}\operatorname{tg}^2 x + \ln\cos x$
79 d	$-\dfrac{3\cos^2 x}{\sin^4 x}$	$\operatorname{ctg}^3 x$	$-\dfrac{1}{2}\operatorname{ctg}^2 x - \ln\sin x$
80 d	$4\sin^3 x\cos x$	$\sin^4 x$	$\dfrac{3}{8}x - \dfrac{1}{8}\cos x\cdot(2\sin^3 x + 3\sin x)$
81 d	$5\sin^4 x\cos x$	$\sin^5 x$	$-\dfrac{1}{15}\cos x\cdot(3\sin^4 x + 4\sin^2 x + 8)$

Nr.	$\dfrac{dy}{dx}$	y	$\int y\,dx$
82d	$6\sin^5 x \cos x$	$\sin^6 x$	$\dfrac{5}{16}x - \dfrac{1}{48}\cos x\,(8\sin^5 x + 10\sin^3 x + 15\sin x)$
83d	$(2n+1)\cos x \sin^{2n} x$	$\sin^{2n+1} x$	$-\int (1-\cos^2 x)^n\,d\cos x$
84d	$7\sin^6 x \cos x$	$\sin^7 x$	$-\cos x + \cos^3 x - \dfrac{3}{5}\cos^5 x + \dfrac{1}{7}\cos^7 x$
85d	$\dfrac{4\,\mathrm{tg}^3 x}{\cos^2 x}$	$\mathrm{tg}^4 x$	$\dfrac{1}{3}\mathrm{tg}^3 x - \mathrm{tg}\,x + x$
86d	$\dfrac{5\,\mathrm{tg}^4 x}{\cos^2 x}$	$\mathrm{tg}^5 x$	$\dfrac{1}{4}\mathrm{tg}^4 x - \dfrac{1}{2}\mathrm{tg}^2 x - \ln\cos x$
87d	$-\dfrac{3\cos x}{\sin^4 x}$	$\dfrac{1}{\sin^3 x}$	$\dfrac{1}{2}\ln\mathrm{tg}\,\dfrac{x}{2} - \dfrac{\cos x}{2\sin^2 x}$
88d	$\dfrac{3\sin x}{\cos^4 x}$	$\dfrac{1}{\cos^3 x}$	$\dfrac{1}{2}\ln\mathrm{tg}\!\left(\dfrac{\pi}{4}+\dfrac{x}{2}\right) + \dfrac{\sin x}{2\cos^2 x}$
89d	$-\dfrac{2\cos x}{\sin^3 x}$	$\dfrac{1}{\sin^2 x}$	$-\mathrm{ctg}\,x$
90d	$\dfrac{2\sin x}{\cos^3 x}$	$\dfrac{1}{\cos^2 x}$	$\mathrm{tg}\,x$
91d	$-\dfrac{m\cos x \sin^{m-1} x}{\sin^{2m} x}$	$\dfrac{1}{\sin^m x}$	$-\dfrac{\cos x}{(m-1)\sin^{m-1} x} + \dfrac{m-2}{m-1}\int \dfrac{dx}{\sin^{m-2} x}$ Für $m=1$ unbrauchbar
92d	$\dfrac{n\sin x \cos^{n-1} x}{\cos^{2n} x}$	$\dfrac{1}{\cos^n x}$	$\dfrac{\sin x}{(n-1)\cos^{n-1} x} + \dfrac{n-2}{n-1}\int \dfrac{dx}{\cos^{n-2} x}$ Für $n=1$ unbrauchbar
93d	$\dfrac{a\sin 2(ax+b)}{\cos^4(ax+b)}$	$\dfrac{1}{\cos^2(ax+b)}$	$\dfrac{1}{a}\,\mathrm{tg}\,(ax+b)$

Nr.	$\dfrac{dy}{dx}$	y	$\int y\,dx$
94 d	$-a\sin 2(ax+b)$	$\cos^2(ax+b)$	$\dfrac{1}{2a}\left[ax+b+\dfrac{\sin 2(ax+b)}{2}\right]$
95 d	$\dfrac{a^2\sin 2x}{(1-a^2\sin^2 x)^2}$	$\dfrac{1}{1-a^2\sin^2 x}$ $\sqrt{1-a^2}=m$	$\dfrac{1}{m}\cdot\operatorname{arc\,tg}(m\operatorname{tg} x)$
96 d	$\dfrac{2(\sin^4 x+\cos^4 x)}{\sin^3 x\cos^3 x}$	$\dfrac{\sin^2 x-\cos^2 x}{\sin^2 x\cos^2 x}$	$\dfrac{1}{\sin x\cos x}$
97 d	$\dfrac{3-2\sin x\cos x}{(\sin x+\cos x)^3}$	$\dfrac{\sin x-\cos x}{(\sin x+\cos x)^2}$	$\dfrac{1}{\sin x+\cos x}$
98 d	$m\cos^{n+1}x\sin^{m-1}x -n\sin^{m+1}x\cos^{n-1}x$	$\sin^m x\cos^n x$	$\dfrac{\sin^{m+1}x\cos^{n-1}x}{m+n}+$ $+\dfrac{n-1}{m+n}\int\sin^m x\cos^{n-2}x\,dx$ $dv=\cos x\,dx$
99 d	$m\cos^{n+1}x\sin^{m-1}x -n\sin^{m+1}x\cos^{n-1}x$	$\sin^m x\cos^n x$	$-\dfrac{\sin^{m-1}x\cos^{n+1}x}{m+n}+$ $+\dfrac{m-1}{m+n}\int\sin^{m-2}x\cos^n x\,dx$ $dv=\sin x\,dx$
100 d	$\sin^2 x(3\cos^2 x-\sin^2 x)$	$\sin^3 x\cos x$	$\dfrac{\sin^4 x}{4}$
101 d	$\cos^2 x(\cos^2 x-3\sin^2 x)$	$\sin x\cos^3 x$	$\dfrac{1}{4}\sin^2 x(\cos^2 x+1)$
102 d	$(m\cos^{n+1}x\sin^{m-1}x+n\sin^{m+1}x\cos^{n-1}x):\cos^{2n}x$	$\dfrac{\sin^m x}{\cos^n x}$	$\dfrac{\sin^{m+1}x}{(n-1)\cos^{n-1}x}+$ $+\dfrac{n-m-2}{n-1}\int\dfrac{\sin^m x\,dx}{\cos^{n-2}x}$ Für $n=1$ unbrauchbar

Nr.	$\dfrac{dy}{dx}$	y	$\int y\,dx$
103 d	$(-n\sin^{m+1}x\cos^{n-1}x - m\cos^{n+1}x\sin^{m-1}x) : \sin^{2m}x$	$\dfrac{\cos^n x}{\sin^m x}$	$-\dfrac{\cos^{n+1}x}{(m-1)\sin^{m-1}x} + \dfrac{m-n-2}{m-1}\int\dfrac{\cos^n x\,dx}{\sin^{m-2}x}$ Für $m=1$ unbrauchbar
104 d	$\dfrac{n+2\sin^2 x}{\cos^{n+3}x}$	$\dfrac{\sin^n x}{\cos^{n+2}x}$	$\dfrac{1}{n+1}\operatorname{tg}^{n+1}x$
105 d	$\dfrac{\sin^2 x\,(2+\cos^2 x)}{\cos^3 x}$	$\dfrac{\sin^3 x}{\cos^2 x}$	$\dfrac{\sin^4 x + \cos^2 x(\sin^2 x+2)}{\cos x}$
106 d	$-\dfrac{\cos^2 x\,(2+\sin^2 x)}{\sin^3 x}$	$\dfrac{\cos^3 x}{\sin^2 x}$	$\dfrac{-\cos^4 x - \sin^2 x(\cos^2 x+2)}{\sin x}$
107 d	$\dfrac{2\sin x\,(1+\sin^2 x)}{\cos^5 x}$	$\dfrac{\sin^2 x}{\cos^4 x}$	$\dfrac{1}{3}\operatorname{tg}^3 x$
108 d	$x^{m-1}(m\sin x + x\cos x)$	$x^m \sin x$	$-x^m\cos x + m\int x^{m-1}\cos x\,dx$
109 d	$x^{m-1}(m\cos x - x\sin x)$	$x^m \cos x$	$x^m \sin x - m\int x^{m-1}\sin x\,dx$
110 d	$x^2(3\sin x + x\cos x)$	$x^3 \sin x$	$6\left[x\cos x - \sin x\cdot\left(1-\dfrac{x^2}{2}\right)\right] - x^3\cos x$
111 d	$x^2(3\cos x - x\sin x)$	$x^3 \cos x$	$x^3\sin x - 6\left[x\sin x + \cos x\left(1-\dfrac{x^2}{2}\right)\right]$
112 d	$-\dfrac{\sin x + m\cos x\cdot x^{-1}}{x^m}$	$\dfrac{\cos x}{x^m}$	$-\dfrac{\cos x}{(m-1)x^{m-1}} - \dfrac{1}{m-1}\int\dfrac{\sin x\,dx}{x^{m-1}}$ Für $m=1$ unbrauchbar!

Nr.	$\dfrac{dy}{dx}$	y	$\int y\,dx$
113d	$\dfrac{\cos x - m \sin x \cdot x^{-1}}{x^m}$	$\dfrac{\sin x}{x^m}$	$-\dfrac{\sin x}{(m-1)x^{m-1}} +$ $+\dfrac{1}{m-1}\int\dfrac{\cos x\,dx}{x^{m-1}}$ Für $m=1$ unbrauchbar!
114d	$\dfrac{1 + 2\sin^2 x}{\cos^4 x}$	$\operatorname{tg} x\,(1 + \operatorname{tg}^2 x)$	$\dfrac{1}{2}\operatorname{tg}^2 x$
115d	$\dfrac{1 + \sin^2 x}{\cos^3 x}$	$\operatorname{tg} x\sqrt{1 + \operatorname{tg}^2 x}$	$\dfrac{1}{\cos x}$
116d	$\dfrac{\cos x\,(3\cos 2x + 1)}{\sqrt{3\cos^2 x + 1}}$	$\sin x\sqrt{3\cos^2 x + 1}$	$-\sqrt{3}\cdot$ $\cdot\left[\dfrac{\cos x}{2}\sqrt{\cos^2 x + \dfrac{1}{3}} + \dfrac{1}{6}\cdot\right.$ $\left.\cdot\ln\left(\cos x + \sqrt{\cos^2 x + \dfrac{1}{3}}\right)\right]$
117d	$\dfrac{\sin 2x\,(b^2 - a^2)}{(a^2\sin^2 x + b^2\cos^2 x)^2}$	$\dfrac{1}{a^2\sin^2 x + b^2\cos^2 x}$ $a, b \neq 0$	$\dfrac{1}{ab}\operatorname{arc\,tg}\left(\dfrac{a}{b}\operatorname{tg} x\right)$
118d	$-\dfrac{\sin 2x\,(a^2 + b^2)}{(a^2\sin^2 x - b^2\cos^2 x)^2}$	$\dfrac{1}{a^2\sin^2 x - b^2\cos^2 x}$ $a, b \neq 0$	$-\dfrac{1}{ab}\operatorname{Ar\,Tg}\left(\dfrac{a}{b}\operatorname{tg} x\right)$

Nr.	$\dfrac{dy}{dx}$	y	$\int y\,dx$

e) Arcus-Funktionen.

Nr.	$\dfrac{dy}{dx}$	y	$\int y\,dx$
1e	$\dfrac{1}{\sqrt{1-x^2}}$	$\arcsin x$	$x\arcsin x + \sqrt{1-x^2}$
2e	$\dfrac{1}{\sqrt{a^2-x^2}}$	$\arcsin \dfrac{x}{a}$	$x\arcsin \dfrac{x}{a} + \sqrt{a^2-x^2}$
3e	$\dfrac{\arcsin x\,\sqrt{1-x^2}+x}{\sqrt{1-x^2}}$	$x\arcsin x$	$\dfrac{1}{2}\arcsin x\left(x^2-\dfrac{1}{2}\right)+$ $+\dfrac{x}{4}\sqrt{1-x^2}$
4e	$\dfrac{\arcsin\dfrac{x}{a}\sqrt{a^2-x^2}+x}{\sqrt{a^2-x^2}}$	$x\arcsin \dfrac{x}{a}$	$\dfrac{1}{2}\arcsin \dfrac{x}{a}\left(x^2-\dfrac{a^2}{2}\right)+$ $+\dfrac{x}{4}\sqrt{a^2-x^2}$
5e	$-\dfrac{1}{\sqrt{1-x^2}}$	$\arccos x$	$x\arccos x - \sqrt{1-x^2}$
6e	$-\dfrac{1}{\sqrt{a^2-x^2}}$	$\arccos \dfrac{x}{a}$	$x\arccos \dfrac{x}{a} - \sqrt{a^2-x^2}$
7e	$\dfrac{\arccos x\,\sqrt{1-x^2}-x}{\sqrt{1-x^2}}$	$x\arccos x$	$\dfrac{x^2}{2}\arccos x +$ $+\dfrac{1}{4}\arcsin x -$ $-\dfrac{x}{4}\sqrt{1-x^2}$
8e	$\dfrac{\arccos\dfrac{x}{a}\sqrt{a^2-x^2}-x}{\sqrt{a^2-x^2}}$	$x\arccos \dfrac{x}{a}$	$\dfrac{x^2}{2}\arccos \dfrac{x}{a} +$ $+\dfrac{a^2}{4}\arcsin \dfrac{x}{a} -$ $-\dfrac{x}{4}\sqrt{a^2-x^2}$
9e	$\dfrac{1}{1+x^2}$	$\operatorname{arc tg} x$	$x\operatorname{arc tg} x - \dfrac{1}{2}\ln(1+x^2)$

Nr.	$\dfrac{dy}{dx}$	y	$\int y\,dx$
10e	$\dfrac{a}{a^2+x^2}$	$\operatorname{arctg}\dfrac{x}{a}$	$x\operatorname{arctg}\dfrac{x}{a} - \dfrac{a}{2}\ln(a^2+x^2)$
11e	$\dfrac{\operatorname{arctg} x\,(1+x^2)+x}{1+x^2}$	$x\operatorname{arctg} x$	$\dfrac{1}{2}[\operatorname{arctg} x\,(x^2+1)-x]$
12e	$\dfrac{\operatorname{arctg}\dfrac{x}{a}(a^2+x^2)+ax}{a^2+x^2}$	$x\operatorname{arctg}\dfrac{x}{a}$	$\dfrac{1}{2}\left[\operatorname{arctg}\dfrac{x}{a}\cdot(a^2+x^2)-ax\right]$
13e	$-\dfrac{1}{1+x^2}$	$\operatorname{arcctg} x$	$x\operatorname{arcctg} x+\dfrac{1}{2}\ln(1+x^2)$
14e	$-\dfrac{a}{a^2+x^2}$	$\operatorname{arcctg}\dfrac{x}{a}$	$x\operatorname{arcctg}\dfrac{x}{a} + \dfrac{a}{2}\ln(a^2+x^2)$
15e	$\dfrac{\operatorname{arcctg} x\,(1+x^2)-x}{1+x^2}$	$x\operatorname{arcctg} x$	$\dfrac{1}{2}[\operatorname{arcctg} x\,(1+x^2)+x]$
16e	$\dfrac{\operatorname{arcctg}\dfrac{x}{a}(a^2+x^2)-ax}{a^2+x^2}$	$x\operatorname{arcctg}\dfrac{x}{a}$	$\dfrac{1}{2}\left[\operatorname{arcctg}\dfrac{x}{a}\cdot(a^2+x^2)+ax\right]$
17e	$\dfrac{2x\arcsin x\cdot m+x^2}{m}$	$x^2\arcsin x$ $\sqrt{1-x^2}=m$	$\dfrac{x^3}{3}\arcsin x+\dfrac{m}{9}(x^2+2)$
18e	$\dfrac{2x\arccos x\cdot m-x^2}{m}$	$x^2\arccos x$ $\sqrt{1-x^2}=m$	$\dfrac{x^3}{3}\arccos x-\dfrac{m}{9}(x^2+2)$
19e	$\dfrac{2x\operatorname{arctg} x\cdot m+x^2}{m}$	$x^2\operatorname{arctg} x$ $1+x^2=m$	$\dfrac{x^3}{3}\operatorname{arctg} x-\dfrac{x^2}{6}+\dfrac{1}{6}\ln m$
20e	$\dfrac{2x\operatorname{arcctg} x\cdot m-x^2}{m}$	$x^2\operatorname{arcctg} x$ $1+x^2=m$	$\dfrac{x^3}{3}\operatorname{arcctg} x+\dfrac{x^2}{6}-\dfrac{1}{6}\ln m$

Nr.	$\dfrac{dy}{dx}$	y	$\int y\,dx$
21e	$-\dfrac{2x\,\mathrm{arc\,tg}\,x + 1}{[(1+x^2)\,\mathrm{arc\,tg}\,x]^2}$	$\dfrac{1}{(1+x^2)\,\mathrm{arc\,tg}\,x}$	$\ln(\mathrm{arc\,tg}\,x)$
22e	$nx^{n-1}\arcsin x + \dfrac{x^n}{\sqrt{1-x^2}}$	$x^n \arcsin x$	$\dfrac{x^{n+1}}{n+1}\arcsin x - \dfrac{1}{n+1}\int \dfrac{x^{n+1}\,dx}{\sqrt{1-x^2}}$
23e	$nx^{n-1}\,\mathrm{arc\,tg}\,x + \dfrac{x^n}{1+x^2}$	$x^n\,\mathrm{arc\,tg}\,x$	$\dfrac{x^{n+1}}{n+1}\,\mathrm{arc\,tg}\,x - \dfrac{1}{n+1}\int \dfrac{x^{n+1}\,dx}{\sqrt{1+x^2}}$

N	$\dfrac{dy}{dx}$	y	$\int y \, d\bar{x}$

f) Hyperbolische Funktionen.

Nr.	$\frac{dy}{dx}$	y	$\int y\,dx$
1f	$\mathfrak{Cof}\,x$	$\mathfrak{Sin}\,x$	$\mathfrak{Cof}\,x$
2f	$\mathfrak{Sin}\,x$	$\mathfrak{Cof}\,x$	$\mathfrak{Sin}\,x$
3f	$\dfrac{1}{\mathfrak{Cof}^2\,x}$	$\mathfrak{Tg}\,x$	$\ln\mathfrak{Cof}\,x$
4f	$-\dfrac{1}{\mathfrak{Sin}^2\,x}$	$\mathfrak{Ctg}\,x$	$\ln\mathfrak{Sin}\,x$
5f	$\mathfrak{Cof}^2\,x+\mathfrak{Sin}^2\,x$	$\mathfrak{Sin}\,x\,\mathfrak{Cof}\,x$	$\dfrac{1}{2}\mathfrak{Sin}^2\,x+C$ oder $\dfrac{1}{2}\mathfrak{Cof}^2\,x+C'$ oder $\dfrac{1}{4}\mathfrak{Cof}\,2x+C''$
6f	$-\dfrac{2\mathfrak{Sin}\,x}{\mathfrak{Cof}^3\,x}$	$\dfrac{1}{\mathfrak{Cof}^2\,x}$	$\mathfrak{Tg}\,x$
7f	$-\dfrac{2\mathfrak{Cof}\,x}{\mathfrak{Sin}^3\,x}$	$\dfrac{1}{\mathfrak{Sin}^2\,x}$	$-\mathfrak{Ctg}\,x$
8f	$-\dfrac{\mathfrak{Sin}^2\,x+\mathfrak{Cof}^2\,x}{\mathfrak{Sin}^2\,x\,\mathfrak{Cof}^2\,x}$	$\dfrac{1}{\mathfrak{Sin}\,x\,\mathfrak{Cof}\,x}$	$\ln\mathfrak{Tg}\,x+C$ oder $-\ln\mathfrak{Ctg}\,x+C'$
9f	$-\dfrac{\mathfrak{Cof}\,x}{\mathfrak{Sin}^2\,x}$	$\dfrac{1}{\mathfrak{Sin}\,x}$	$\ln\mathfrak{Tg}\,\dfrac{x}{2}+C$ oder $-\ln\mathfrak{Ctg}\,\dfrac{x}{2}+C'$
10f	$-\dfrac{\mathfrak{Sin}\,x}{\mathfrak{Cof}^2\,x}$	$\dfrac{1}{\mathfrak{Cof}\,x}$	$2\arctan(\mathfrak{Sin}\,x+\mathfrak{Cof}\,x)$ oder $2\arctan e^x$
11f	$2\mathfrak{Sin}\,x\,\mathfrak{Cof}\,x$	$\mathfrak{Cof}^2\,x$	$\dfrac{\mathfrak{Sin}\,x\,\mathfrak{Cof}\,x}{2}+\dfrac{x}{2}$

Nr.	$\dfrac{dy}{dx}$	y	$\int y\,dx$
12f	$2\,\mathfrak{Sin}\,x\,\mathfrak{Cos}\,x$	$\mathfrak{Sin}^2 x$	$\dfrac{\mathfrak{Sin}\,x\,\mathfrak{Cos}\,x}{2} - \dfrac{x}{2}$
13f	$\mathfrak{Sin}\,x + x\,\mathfrak{Cos}\,x$	$x\,\mathfrak{Sin}\,x$	$x\,\mathfrak{Cos}\,x - \mathfrak{Sin}\,x$
14f	$\mathfrak{Cos}\,x + x\,\mathfrak{Sin}\,x$	$x\,\mathfrak{Cos}\,x$	$x\,\mathfrak{Sin}\,x - \mathfrak{Cos}\,x$
15f	$2\,\mathfrak{Cos}^2 x$	$\mathfrak{Sin}\,x\,\mathfrak{Cos}\,x + x$	$\dfrac{1}{2}(x^2 + \mathfrak{Sin}^2 x)$
16f	$x\,\mathfrak{Sin}\,x$	$x\,\mathfrak{Cos}\,x - \mathfrak{Sin}\,x$	$x\,\mathfrak{Sin}\,x - 2\,\mathfrak{Cos}\,x$
17f	$\dfrac{1}{\sqrt{x^2+1}}$	$\mathfrak{Ar\,Sin}\,x$	$x\,\mathfrak{Ar\,Sin}\,x - \sqrt{x^2+1}$
18f	$\dfrac{1}{\sqrt{x^2-1}}$	$\mathfrak{Ar\,Cos}\,x$	$x\,\mathfrak{Ar\,Cos}\,x - \sqrt{x^2-1}$
19f	$\dfrac{1}{1-x^2}$	$\mathfrak{Ar\,Tg}\,x$	$x\,\mathfrak{Ar\,Tg}\,x + \dfrac{1}{2}\ln(1-x^2)$
20f	$-\dfrac{1}{x^2-1}$	$\mathfrak{Ar\,Ctg}\,x$	$x\,\mathfrak{Ar\,Ctg}\,x + \dfrac{1}{2}\ln(x^2-1)$

Nr.	$\dfrac{dy}{dx}$	y	$\int y\,dx$

OTTO SPAMER VERLAG G. m. b. H., LEIPZIG O5

Zerkleinerungs-Vorrichtungen und Mahlanlagen

Von

CARL NASKE

Zivilingenieur

Vierte, erweiterte Auflage. Mit 471 Figuren im Text.

Geh. RM. 29.70, geb. RM. 32.40

Die chemische Industrie: Das Buch von Naske, welches als Muster und Vorbild einer Monographie über ein bestimmtes technologisches Gebiet gelten kann ... Alles in allem hat der Autor es verstanden, in einer flüssigen und klaren Sprache, die alles Überflüssige ausscheidet, dem Leser in mustergültiger Weise das Gebiet der Zerkleinerungsmaschinen und Zusatzapparate zu erschließen ... Vor allem verdienen die bildlichen Darstellungen besonderes Lob.

Dinglers polytechnisches Journal: Der leichtverständliche Text wie die vorzüglichen Abbildungen der einzelnen Maschinen und ihrer hauptsächlichsten Konstruktionsteile gestalten das Werk zu einer wertvollen Bereicherung unserer technischen Literatur ... In dem gesamten Werk spürt man die eingehende Arbeit eines anerkannten Fachmannes, der den Gegenstand vollkommen beherrscht und die einzelnen Teile kritisch zu würdigen versteht.

Zeitschrift des Vereins deutscher Ingenieure: Bei den Beschreibungen aller Maschinen ist mit gründlicher Sachkenntnis und anerkennenswertem Verständnis der Bedürfnisse der Praxis vorgegangen, und man erkennt aus der klaren, ansprechenden Schreibweise, aus der Schilderung der Konstruktionseinzelheiten, daß der Verfasser aus dem wirklichen Betriebe geschöpft hat und auch für den praktischen Betrieb seine Ratschläge gibt ... Das ganze Werk dürfte sowohl dem Ingenieur, der sich mit der Ausführung von Zerkleinerungsanlagen befaßt, wie auch dem Betriebsingenieur und Betriebschemiker ein treuer Berater sein.

Sprechsaal, Koburg: Ein Bild des reichen Inhalts des Werkes gewinnt man aus den nachstehend kurz angeführten Kapiteln mit deren Unterabteilungen ... Der Verfasser hat die ihm gestellte Aufgabe mit vielem Geschick gelöst; die Ausführungen sind klar und zeugen von intensiver Beschäftigung mit der Materie und von reicher Erfahrung, was namentlich in der Beurteilung der Arbeitsweise der verschiedenen Ausführungsformen der beschriebenen Maschinen zum Ausdruck kommt ... Im großen ganzen hat Naske ein schönes Buch verfaßt von dauerndem Wert, das nicht nur im engeren Kreise der Chemiker und Ingenieure Beifall finden wird, sondern überhaupt bei allen, die einen Überblick über das große Gebiet der Zerkleinerungsmaschinen gewinnen wollen und damit zu tun haben.

Feuerungstechnik

Zeitschrift für den Bau und Betrieb feuerungstechnischer Anlagen sowie für feuerfeste Baustoffe (vereinigt mit Feuerfest-Ofenbau)

Schriftleitung:

WA. OSTWALD

Erscheint seit 1912 · Preis vierteljährlich RM 4.50

Die „Feuerungstechnik" soll eine Sammelstelle sein für alle technischen und wissenschaftlichen Fragen des Feuerungswesens, also: Brennstoffe (feste, flüssige, gasförmige), ihre Untersuchung und Beurteilung, Beförderung und Lagerung, Baustoffe, Statistik, Entgasung, Vergasung, Verbrennung, Beheizung. — Bestimmt ist sie sowohl für den Konstrukteur und Fabrikanten feuerungstechnischer Anlagen als auch für den betriebsführenden Ingenieur, Chemiker und Besitzer solcher Anlagen.

Probenummern kostenlos von

Otto Spamer Verlag G. m. b. H., Leipzig O 5

Chemische Apparatur

Zeitschrift für die maschinellen und apparativen
Hilfsmittel der chemischen Technik

Begründet von Dr. **A. J KIESER**

Mit der monatlichen Beilage: Werkstoffe und Korrosion

Schriftleitung:

Zivilingenieur BERTHOLD BLOCK

Erscheint monatlich zweimal seit 1914 · Vierteljährlich RM 4.50

Die „Chemische Apparatur" bildet einen Sammelpunkt für alles Neue und Wichtige auf dem Gebiete der maschinellen und apparativen Hilfsmittel chemischer Fabrikbetriebe. Außer rein sachlichen Berichten und kritischen Beurteilungen bringt sie auch selbständige Anregungen auf diesem Gebiete. Die „Zeitschriften- und Patentschau" mit ihren vielen Hunderten von Referaten und Abbildungen sowie die „Umschau" und die „Berichte über Auslandspatente" gestalten die Zeitschrift zu einem

Zentralblatt für das Grenzgebiet von Chemie und Ingenieurwissenschaft

---

Probenummern kostenlos von

Otto Spamer Verlag G. m. b. H., Leipzig O 5

OTTO SPAMER VERLAG G. m. b. H., LEIPZIG O5

Federn
und ihre schnelle Berechnung

Von

CAMILLE REYNAL

Nach der zweiten Auflage aus dem Französischen übersetzt von

C. Koch

Mit 41 Abbildungen, 14 graph. Darstellungen und 12 Tabellen

Geheftet RM 10.80, gebunden RM 12.60

Vorwort des Verfassers:

Im vorliegenden Buche werden die bekannten Theorien für die Herstellung der Federn nur kurz berührt, während in der Hauptsache zwei Grundprinzipien verfolgt wurden: 1. Höchstmögliche Ausschaltung von Fehlern in den Berechnungen und höchstmögliche Zeitersparnis bei Berechnung und Auswahl der Federn durch Anwendung graphischer Darstellungen der wichtigsten Formeln; 2. Feststellung und Studium der verschiedenen Einflüsse, deren Nichtbeachtung dazu führen kann, daß man die nach den Hauptformeln ausgeführten Berechnungen wegen großer Abweichungen von den Ergebnissen der Praxis verwirft. Auch war ich bemüht, namentlich für Spezialfedern von besonderer Empfindlichkeit, die Konstruktionsbedingungen und Arbeitsweisen festzulegen, worüber in den Handbüchern selten brauchbare Angaben zu finden sind. Ich hoffe, daß diese Betrachtungen dem Praktiker von Nutzen sein werden.

Maschinenmarkt: Das Erwähnenswerteste an diesem Buche ist, daß man die gesuchten Werte aus den Darstellungen und Abbildungen sofort ablesen kann, ohne langwierige Berechnungen anstellen zu müssen. Dies verleiht dem Werke großen Wert für den Praktiker. Da der Verfasser aber die mitgeteilten bzw. in Tabellen und Graphiken anschaulich festgehaltenen Werte auch entwickelt, bietet das Buch demjenigen alles Wissenwerte, der die erforderlichen Werte auf Grund theoretischer Überlegung selbst entwickeln will. Kurz, Praktiker und Theoretiker kommen zu ihrem Rechte.

If you have any concerns about our products,
you can contact us on
ProductSafety@springernature.com

In case Publisher is established outside the EU,
the EU authorized representative is:
**Springer Nature Customer Service Center GmbH
Europaplatz 3, 69115 Heidelberg, Germany**

Printed by Libri Plureos GmbH
in Hamburg, Germany